智能家居
重新定义生活

王米成　著

上海交通大学出版社
SHANGHAI JIAO TONG UNIVERSITY PRESS

内容提要

本书旨在从技术、应用、生态圈、用户等角度出发,对行业和市场进行深入浅出的分析,并在此基础上,探讨行业发展趋势,为众多智能家居从业者提供具有价值的发展思路和解决方案。其中涵盖人工智能、VR/AR 技术、云计算、智能机器人、语音识别等当下热点内容。

图书在版编目(CIP)数据

智能家居:重新定义生活/王米成著.—上海:上海交通大学出版社,2017
ISBN 978 - 7 - 313 - 17306 - 5

Ⅰ.①智⋯　Ⅱ.①王⋯　Ⅲ.①住宅一智能化建筑一研究
Ⅳ.①TU241

中国版本图书馆 CIP 数据核字(2017)第 108218 号

智能家居:重新定义生活

著　　者:王米成
出版发行:上海交通大学出版社　　　　　地　　址:上海市番禺路 951 号
邮政编码:200030　　　　　　　　　　　电　　话:021 - 64071208
出 版 人:郑益慧
印　　制:上海天地海设计印刷有限公司　　经　　销:全国新华书店
开　　本:710mm×1000mm　1/16　　　　印　　张:16.5
字　　数:219 千字
版　　次:2017 年 6 月第 1 版　　　　　　印　　次:2017 年 6 月第 1 次印刷
书　　号:ISBN 978 - 7 - 313 - 17306 - 5/TU
定　　价:59.00 元

前言

　　2015 年初,国务院总理李克强同志在政府工作报告中指出要把"大众创业、万众创新"打造成推动中国经济继续前行的"双引擎"之一;当年 7 月,国务院印发《关于积极推进"互联网+"行动的指导意见》提出了 11 个具体行动,"互联网+"人工智能名列其中,因此必须加快人工智能核心技术突破,培育发展人工智能新兴产业,推进智能产品创新,并提升终端产品智能化水平。

　　2015 年岁末,国务院印发《关于积极发挥新消费引领作用加快培育形成新供给新动力的指导意见》,围绕"信息消费"明确提出关于"智能家居"的具体内容为:互联网与协同制造、机器人、汽车、商业零售、交通运输、农业、教育、医疗、旅游、文化、娱乐等产业跨界融合,在刺激信息消费、带动各领域消费的同时,也为云计算、大数据、物联网等基础设施建设,以及可穿戴设备、智能家居等智能终端相关技术研发和产品服务发展提供了广阔前景。

　　在国家发展改革委、科技部、工业和信息化部、中央网信办制定的《"互联网+"人工智能三年行动实施方案》中,明确指出要培育发展人工智能新兴产业、推进重点领域智能产品创新、提升终端产品智能化水平。

　　当前我国正处在全面建成小康的关键时期,加快发展生活性服务业,积极发挥新消费的引领作用,是推动经济提质、经济增长动力转换的重要抓手,有助于实现经济提质增效、转型升级。国务院总理李克强同志于 2016 年 3 月 5 日,在第十二届全国人民代表大会第四次会议政府工作报告中提到，"促进大数据、云计算、物联网广泛应用""壮大网络信息、智能家居、个性时尚等新兴消费"。

面对二胎全面放开、老龄化社会、城市化发展等社会环境因素的变化，在创新创业浪潮与传统产业升级需求推动下。随着越来越多的企业开始进入以智能家居为代表的新兴行业，形成了全新的经济形态。随着物联网的迅猛发展，很多行业都在快速成长与成熟，物联网的研发应用不仅仅是新兴产业培育的重要内容，而且对推进信息化和工业化深度融合、促进经济循环发展、推动我国产业结构调整和转型升级具有重要的战略意义。

经历了十余年的发展，智能家居如今已进入快速增长期，引得各类资本、企业纷纷涉足，合纵连横相互联姻。事实上，智能家居涉及的行业也的确包罗万象，除传统的房地产、家居家装行业外，在这个"战场"上露脸的还有家电企业、互联网企业、创新型企业甚至包括通信运营商。

众多企业之所以纷纷布局智能家居，是因为看好这个市场巨大的发展潜力。智能家居作为应用平台，更可以衍生出潜在的商业需求。

在今天这个万物互联的时代，大数据、云计算、人工智能等各项技术日新月异，快速变迁的生活节奏又在催生新的生活场景，互联网原住民逐渐成为当下的主力消费群体。这一切的变化，将给智能家居行业带来新的机遇。

目录
Contents

第1章 概念篇：初识智能家居

⬤ 智能家居，改变就在身边

从扎克伯格的 Jarvis 说起

Facebook 创始人马克·扎克伯格向来喜欢折腾，并且每年要给自己定一个小目标。2016 年，马克的目标是凭一己之力打造一个 Jarvis。

Jarvis 是谁？看过电影《钢铁侠》的朋友一定不会陌生。他是小罗伯特·唐尼最好的搭档，无所不能，无处不在，而他真实的身份是一名人工智能（artifical intelligence，AI）管家。

马克也让他的 Jarvis 承担家庭管家的重任。如今，在其位于美国旧金山帕罗奥图的豪宅内，拥有好莱坞著名影星摩根·弗里曼嗓音的虚拟管家 Jarvis，正在一丝不苟地履行自己的使命。

每天早晨，扎克伯格起床时，Jarvis 会告诉他：嗨，马克，今天是周一，你有 5 个会议议程，当前室温为 68 华氏度（20℃）。

只要马克下达语音指令，Jarvis 就能准备好早餐和衣物，开关窗帘、空调和灯具。

洗漱用餐完毕，要开始工作了。马克说：Jarvis，帮我连接视频会议，我现在要安排工作。很快，对方的影像传送到马克面前。

当宾客来访时，Jarvis 会提前确认身份，并马上通知马克。

若需要放松一下，马克可以让 Jarvis 打开电视或音箱，播放指定的音视频，甚至可以一起讨论有趣的话题。

Jarvis 还是一名不错的保姆和家庭教师，而且非常喜欢和马克的女儿互动。当孩子有一些"越矩"行动，比如爬向非安全区域，Jarvis 会立即通报父母。目前，Jarvis 正在教孩子一些简单的中文，不过孩子现在还太小，有时候听着听着就睡着了，这个时候，Jarvis 会播放有助于睡眠的轻柔音乐。

马克和 Jarvis 的所有互动，都可以通过语音或屏幕输入来完成，不过马克说，自己更喜欢屏幕输入，因为语音有时会打扰家人。

值得一提的是，由于 Jarvis 具备"场景识别"能力，当马克说"我的房间"或者"放点音乐"时，Jarvis 能够识别这是对主人的房间下达指令，而不会跑错了房间把孩子吵醒。

尽管 Jarvis 只是马克小试牛刀的作品，在协议、体验、场景等方面还有不少可以优化的空间，更不要说达到《钢铁侠》电影中 Jarvis 的智能程度，但充当一个贴心的家庭助理，已经绰绰有余。

凯文·凯利在《失控》中说："最深刻的技术是那些看不见的技术，它们将自己编织进日常生活的细枝末节之中，直到成为生活的一部分。"马克的 Jarvis 就是这样一种技术。"他"看不见，摸不着，但却能帮助打理你的生活，甚至能够理解你，和你有更多深层次的交流。

智能家居应用场景的迭代递进

"智能家居"可谓近年来我们生活中的一大热词。家电品牌、控制类企业、安防厂商、照明厂家，甚至建材商、运营商，以及掌控用户入口的各大互联网品牌，

2

互联网企业：抓住用户个流量入口

家电企业：升级转型智能家电

传统控制类企业：重点拓展前装B端与C端市场

新兴创新企业：传统单品升级

智能家居厂家都在忙什么？

不约而同地都对智能家居投以关注的目光，同时加以布局。过去的十多年间，智能家居市场在不断成长的过程中，吸引着各类企业纷至沓来。

谈到智能家居的应用与体验，以往在厂家的宣传和大众媒体的形容中，我们感受到的大多是从早晨的一缕阳光配合着电动窗帘和背景音乐的开启而开始，回家前远程打开空调是很多情况下最为常见的场景，手机 APP 对家中各种电器的掌控也逐渐成为触手可及的现实。

然而，不管是用户、集成商或是厂家，随着我们对于智能家居了解和体验的深入，却发现在经历完最近的新鲜体验之后，我们真正需要的不仅是酷炫吸睛的别样感受，而是带来日常生活的真正便捷。当然，随着控制技术多样化，传感器、基础网络、云平台等技术的日渐成熟，智能家居的系统稳定性与应用空间日趋广阔，智能语音、人工智能与机器人技术的落地应用，同样也为智能家居带来了更为广阔的想象空间。

放眼十多年来，智能家居功能应用的演进史，行业经历了电动窗帘、家庭背景音乐的单系统应用；见证了智能灯控系统不断寻求突破；亲历了可视对讲厂家对于智能家居的尝试；体验着影音集成融合智能家居；参与了家庭安防从鸡肋应用转变为沟通方式的改变；感受到新风、地暖、空调等基础系统对于集成控制的融合；随着智能移动终端的快速发展，无线网络覆盖产品对于用户实用需求的把握已然成为别墅大宅的实际刚需。更为重要的是，我们感受到了装修设计、品质楼盘、高档酒店对于智能化在设计风格塑造、楼盘卖点打造和酒店氛围营造方面的加强作用。

在集成商的眼中，智能家居同样经历了从背景音乐、电动窗帘、遥控灯光，再到家庭影音、智能中控，甚至家庭安防、无线覆盖等的具体指向的变化。然而，仔细想来不免感觉到一阵欣慰和踏实。十多年间，也正是有了这一项项逐渐清晰的落地应用，智能家居集成市场从无到有，从小到大不断发展。让智能家居不再只是停留在"空中楼阁"般的锦上添花，而有了真真切切的实用化转身。与此同时，智能硬件风潮的掀起，成为万物联接的开始，这也让更多的普通用户有了近距离、低成本体验智能家居的机会，而更多用户体验的汇聚也为智能家居真正走近用户，开辟出全新的思维空间。

智能家居是系统，还是产品？

日渐火热的智能家居市场上吸引着对不同领域纷至沓来的各类厂商，但我们也看到，并没有任何一家企业能够提供全系产品。确实真的没有！十多年间，智能家居市场进进出出，前赴后继的厂商与经销商，一直在思考如何更好地定义智能家居？初生牛犊的行业新军常常是找不准方向，一味追求系统功能的大而全，然而深入尝试后，则开始愈发谨慎。智能单品浪潮的昙花一现，印证了系统应用的重要性，让我们开始重新反思智能家居如何回归系统，探寻真正的实用功能所在。

回顾智能家居市场的变化与发展，在场景化浪潮中，我们开始重新审视集成产品的应用落地点和创新方向。在有限的销售数字面前，传统意义上的系统产品功能延伸，似乎需要进一步重新定义。

多元化的生态圈结构与全新的市场格局相互交织、碰撞，以集成为中心的智能家居服务需求开始凸显。在去中心化的趋势下，智能家居的全宅集成仍然存在集中于特需的窄众市场；伴随技术连接呈现出的多样性，家庭中心会被区域场景所细化替代；智能家居的载体开始从住宅转为人本，在跨行业各品类的产品有效整合背后，是以产品为中心来构建全新的区域场景。然而，日益高企的人力成本必然倒逼服务整合，智能家居的系统特殊性更加呼唤优秀集成服务商的出现。

与此同时，面对年轻一代社群的迅速成长，我们不禁思索如何突破定制安装服务的发展局限？在面向更广阔消费市场的同时，不忘智能家居的一片初心，探索出具有竞争力的智能家居集成服务之路。

在基础技术条件日渐成熟，外部市场环境不断完善的当下，产品端需要完成功能型产品向真正智能化的转变，借助人工智能的力量去开创全行业的转型升级；集成市场在磨砺探索中沉淀出宝贵的能量，将凝聚起积极向上的发展合力；面对由单一产业链向各个生态圈间的融合发展态势，我们完全有机会在延伸合作中探寻新的机遇。

智能家居，一路走来十多年

不得不说的比尔·盖茨智能之家

智能家居不同于其他行业的发展轨迹，国内外的发展差距也并没有我们想象得那么大，加之特殊的国情现实与用户习惯，也使得国内智能家居在发展过程中并没有太大直接照搬海外市场经验和产品的机会。

2000年以前，可以称为智能家居概念形成期。零星概念与相关产品开始出现，后来无疾而终的微软维纳斯计划在此时提出，比尔·盖茨之家的智能化是见诸报端的各种宣传中最为广泛被提及的应用案例，但遗憾的是我们地球上的绝大多数人对于这一智能豪宅也只是只闻其名，难见其形。

2000—2005年，一些后来耳熟能详的国外智能化产品通过代理与国内经销

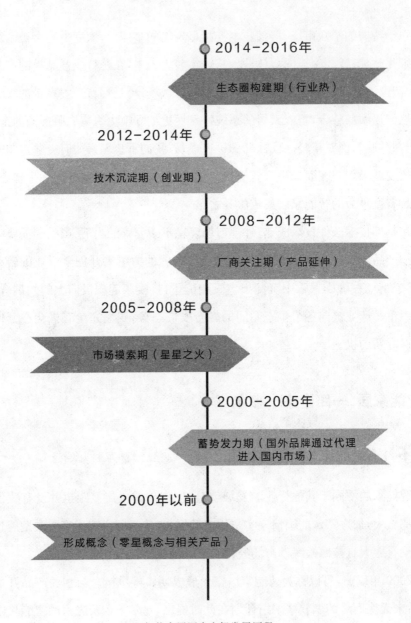

智能家居国内市场发展历程

渠道零星进入国内市场，此时也成为智能家居的蓄势发展期。这一阶段的标志性事件是，国内首个以智能家居为应用概念的楼盘项目深圳红树西岸的出现，项目开发商百仕达地产更是用了前后 8 年的时间对其精心打磨。

国内智能家居市场的星星之火

智能家居的概念渐热，也直接影响 2005—2008 年，智能家居领域的国内生产制造企业开始出现了第一波浪潮，家庭安防、智能灯控系统、影音中控、家庭背景音乐细分市场逐步形成发展。最令人欣喜的是，关注智能家居的系统集成商群体逐步形成并出现，我们将之称为市场摸索期。回顾过往，这或许可以称得上是智能家居在国内发展历程中第一个激动人心的创业浪潮。略显残酷的是，如星星之火般刚刚出现的第一批集成商需要充当的是野蛮成长过程中悲催的"小白鼠"。不无意外，受限于当时的技术条件与厂商实力，很多在这一时期崭露头角的国内品牌因为各种原因早已逐一淡出我们的视野。

2008—2012 年，智能家居迎来了近十年来另一个重要的发展浪潮，家电企业、楼宇对讲企业、电气、安防类外资品牌纷纷着力于延伸智能家居产品线与新业务板块。很多以往如雷贯耳的品牌的出现，为依然坚守在智能家居市场上的先行者们增强了不少信心。

在这一密集发展的厂商关注期中，智能家居与影音集成的融合发展，为智能家居在遥控灯光、电动窗帘、背景音乐等单系统应用以外，探寻到一个重要的应用立足点。在高端住宅项目中，智能家居集成业务落地生根，开始通过装饰设计渠道被部分业主所接受。为了噱头也罢，为了销量也好，楼盘宣传开始考虑如何炒作智能家居，也曾让不少人为之激动。我们感受到渐行渐近的智能家居的脚步。

拥抱智能家居发展大时代

随着物联网概念兴起，传感器、控制技术、云计算、大数据、移动互联等基础应用不断发展。2012—2014 年，以轻智能与智能单品厂商为代表的创新创业团队层出不穷。通过这一时期的技术沉淀期，一大利好在于喷涌而出的各种智能单品极大地降低了普通用户体验和使用智能家居的门槛。智能插座、手机遥控、智能灯泡开始以百余元的亲民价格出现，使得原本遥不可及的智能家居初体验第一次向普通消费者伸出了橄榄枝。而 APP 和 Wi-Fi 模块一起联接起的不仅仅是传统家电的智能升级，更是一个全新互联网时代的序幕开启。

2014—2016 年，生态圈成为行业热词，互联网企业的全面关注，让更多巨头企业开始谋求生态圈构建。智能模块出货量增长，传统企业纷纷希望借由智能家居实现产品线升级。我们再谈智能家居，所频繁提及的也不再是原本那些植根于细分行业领域"业内有名，业外无名"的厂家，诸如以 BAT 为代表的互联网巨头，身边熟悉的手机、家电巨头让智能家居开始进入更多人的视野。我们不再因为影视作品中频繁出现的智能家居产品镜头而激动不已，因为上至国家两会提案，下至街头巷尾随手可见的楼盘广告，都开始有了更多智能家居出现的机会。

伴随智能家居整体受关注度呈现逐年上涨趋势，从搜索引擎"百度"热度关注来看，从 2006 年起的数据可以看出，智能家居市场关注热度在短期范围内形成了一定波动，但整体受关注度较为平均；2008 年逐渐蓄力，外资品牌、可视对讲企业的涉足带动了智能家居一轮新的发展；2010 年前后，更多国外品牌产品进入国内市场，同时影音集成融合智能家居需求凸显，夯实了智能家居在集成项目市场的基础，集成商群体也是在这一时期得到了快速发展。

尽管我们发现智能家居很有可能是除了"健康医疗"以外，另一个要被搜索引擎"玩坏"的关键词，但不可否认的是，在大环境方面，受到物联网、智慧城市、三网融合等宏观层面政策利好的影响，智能家居一直维持较高的受关注热度。然而，我们也应当清楚地看到，集成市场总量有限，装饰装修合作无法规模化落地、房地产市场调控与配套项目应用数量有限等一系列因素影响，使得智能家居受关注热度在 2012 年前后经历了相当长的一段发展平台期。可喜的是，2013

年前后掀起的创新创业热潮、互联网平台及传统企业的转型需求凸显，智能家居又迎来了在规模和动力上，远超以往的新一轮快速发展期。

● 竞合交织的智能家居市场格局

智能互联时代的企业价值链再造

《哈佛商业评论》增刊中的《迈克尔·波特解密未来竞争战略》指出：智能互联产品围绕物理部件、智能部件和联接部件三大核心元素。在智能家居多元化趋势下，基于不同基因的不同企业的战略选择，主要集中于如何获得比竞争对手高的产品溢价，以及使运营成本低于竞争对手。互联网基因企业聚合用户价值，制造企业重塑运行流程，创业企业寻觅创新机遇，智能互联带来的是企业价值链的再造。我们都应当庆幸可以在这样一个充满机遇的氛围下，探寻全新的成长与发展。

对于智能家居不同类型企业的划分，需要考虑技术种类、企业背景、市场关注面等诸多因素，加之近年来更多传统企业与创业团队涉足其中，以及智能家居多功能系统的本质属性，市场形势与参与企业类别错综复杂。时至今日，我们已经很难用单纯的有线或无线、中控或灯控，甚至国产和进口来对不同类型的厂家和产品进行划分。我们发现智能家居产业链的关联配套必不可少，在既已形成的行业生态版图中，不少企业也是和谐地互为合作伙伴。有的企业在既有市场中蓄力成长，更多企业则在苦苦探寻充满诱惑的潜在市场与用户真正需求。

纵观智能家居市场设备商竞争格局，从整体维度看应该大致分为四类：互联网基因企业、家电制造企业、传统控制类企业（含电工、照明、中控等）和新兴智能创新企业。

互联网企业：把握用户和流量入口

把握用户和流量入口的互联网企业，力图延伸产业链布局，搭建统一平台，构建生态圈。其中，电商导向型，以阿里、京东和小米为代表，以传统业务为中心，通过控制模块，实现互联互通，延伸生态圈覆盖，主打超级 APP 模式，消费用户引流。技术选择 Wi-Fi 直联为先导，结合无线混合组网，定位于智能家电和后装用户市场。

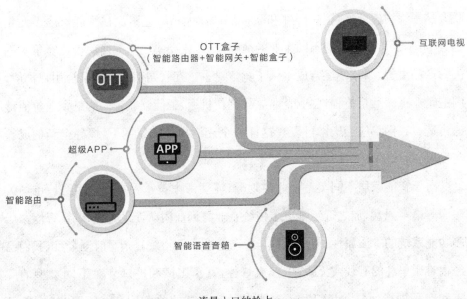

流量入口的抢占

另一方面，体现在用户和内容导向性。以同属腾讯的 QQ 物联和微信开放平台、乐视超级应用乐居家等为代表。存在一定内部竞争意味的 QQ 物联和微信开放平台，以 QQ 账号体系、关系链和消息通道能力和微信公众号提供行业解决方案等核心能力，提供可穿戴设备、智能家居、智能车载、传统硬件等领域的合作伙伴，实现用户与设备及设备与设备之间的互联、互通、互动，充分利用和发挥腾讯在客户端及云服务的优势，在联接中推动传统行业实现互联网化。

在互联网圈中一直特立独行的乐视对外宣称的是拥有云平台服务、内容资源库、硬件终端以及应用等其他企业没有的优势资源，能与合作设备商的产品及业务线产生天然的联系。在"平台+内容+终端+应用"的乐视生态基础上，带来更多的用户、内容及服务资源。

更为引人注目的是发布于 2015 年底的华为 HiLink 计划，打造以连接为核心的智能家居生态，将"人、车、家"的三位一体作为其整个布局的终极目标。围绕运营商市场业务，华为还推出了 OpenLife 智慧家庭解决方案，以智慧家庭为主体，建立商业伙伴互补共赢的新型价值链；统一行业规范，为日常生活提供各类实用、便捷、高效的信息化、自动化物联服务。同样具有丰富运营商资源的中兴也在 2016 年发布了自己的智能家居战略，并推出智能门锁和智能路由器这两款战略性新品。

此外，魅族 LifeKit 平台，重点打造海尔魅族智慧生态，并通过阿里云的大数据自动为用户选择合适的产品运行模式。除了热卖的水滴摄像头，360 还表示会将自身的云服务能力、大数据平台技术、在线营销平台、APP 开发能力、开放芯片组等资源进行全面垂直整合，打造一个开放的完整智能家居生态系统，并推出 360 智连模块。共同构建起多元化的生态圈类型。

家电制造企业：推进传统家电产业升级

家电制造企业方面，发展路线多为融入智能化功能、推进传统家电产业升级和构建智慧生活生态圈。家电企业的基因是什么？它们以家电制造为主，智能化的手段只是完成产业的升级改造。以家电为中心来撬动市场，去构建生态圈是非常痛苦的，因为连接越多的东西，销售就越少。但是智能家电市场依然看好，未来 3 年所有家电都会完全变成智能家电，这意味着家电都会具备连接因子。传统家电分为白电和黑电两类，未来会有类似健康家电类的细分。

在海尔 U+推出之前，海尔已在 U-home 平台进行了多年的集成产品尝试，

U+则更进一步，通过开放的接口协议力将不同品牌、不同种类的家电产品接入平台，实现系统级别的交互。寄希望于U+智慧生活平台，为用户提供不同的智慧生活解决方案。

晚些时候推出的美的M-Smart智慧家居战略，是以传感、大数据、智能控制技术为手段，发挥其家电产品横向整合资源能力，实现全品类白色家电产品互联互通。通过与阿里、华为等合作伙伴的强强合作，打造开放的智慧家居应用系统。

2016年，海信、TCL、长虹同样也在以各自的不同方式，积极布局智能家居市场，力求探寻新市场态势下的全新市场机遇。

智能家居控制类企业：多关注前装集成项目市场

面对以别墅、大平层为代表的豪宅集成与酒店项目市场，罗格朗、ABB、施耐德、路创、飞利浦等传统照明电工与控制企业耳熟能详。跨国品牌占据主导，将欧美市场成熟产品线引入国内，智能化系统多为应用于大型公建项目、酒店项目和规模配套住宅。伴随国内市场的热度，也开始尝试推出针对中国市场需求的相关产品。

以鸿雁等为代表的民族品牌企业在行业大趋势带动下，积极谋求智能化转型，不同于国外产品研发、推出流程较长，国内企业在新产品方向尝试与快速调整产品线方面拥有速度优势，比较快速与互联网企业及相关智能配套企业合作。围绕智能家居项目集成市场和偏商业项目配套市场，也发展出一批具有代表性的国内企业以及陆续进入国内市场的海外品牌。关注于工程项目与渠道市场，功能定位突出接地气与性价比路线。

作为智能家居系统中的刚性需求之一，影音控制类产品以北美市场品牌为主导。快思聪、AMX、Control4、Savant等品牌相继进入国内市场。在布局国内商业应用的同时，同样应用于别墅、大平层住宅中的影音房、全宅智能、客厅影院等不同细分应用环境。

值得一提的是，近年来中控系统应用成本不断降低，国内出现集成商转型而来的第三方配套设备制造商，使得配套面板、灯控模块为代表的第三方产品价格更趋亲民。与此同时，国内设备制造商开始涉足家庭中控设备领域，渠道竞争更趋激烈。

传统控制厂家的特点是以前装市场为主，同时需要集成商提供完善的集成、安装和售后服务。近年来，我们也看到大批国产总线与无线系统厂商如雨后春笋般破土而出，总线设备厂商侧重于前装集成项目市场。被不少外资大牌忽视的家居集成市场，尽管略显碎片化，但却成为国产总线系统厂家的一片乐土，关注这一细分市场的品牌也不断增多，这使得总线智能家居的应用成本日渐趋于理性，可集成的第三方产品不断丰富。

数量上更为丰富的，则是以 zigbee 和其他 2.4G 私有协议为技术支撑的无线系统厂家，不断探索无线技术在智能家居领域的进一步落地应用和商业模式构建。与此同时，电动窗帘、背景音乐、智能锁、家庭安防、传感器类等第三方系统厂家也构建起集成生态，在具有工程化特征、体现服务价值的智能家居集成市场不断谋求新的突破。

新兴智能创新企业：助力传统产品的智能化升级

在新一轮创业浪潮中，诞生出 BroadLink、欧瑞博、控客智能、绿米等为代表的一批新兴智能家居品牌。在过去的几年间，通过智能单品完成概念导入和用户积累，进而以更多配套产品构建起无线系统，乃至融入更大范围生态圈。

具有创新、创业特质的新兴智能企业在人机交互、宣传推广与新功能延伸方面更具创新优势。在家电、电工类传统企业产生合作的同时，创新企业也获得了强有力的背书效应与广阔的市场想象空间。凭借这些，使得以智能为标签的创新企业在资本寒冬中可以成为纵横于投资圈的明星企业，相比资金支持，更具建设意义的是资金背后的资源对接。

对于创新创业型企业来说，近两年，众多互联网企业纷纷开始对智能家居谋篇布局，跑马圈地，发布了各自的战略计划，这种行业现象可能还要持续 3～5 年。平台和统一协议并非一蹴而就，演进过程将会使强势集团形成行业联盟，再上升成为行业标准，在未来的一段磨合期内，竞合关系将会长期存在。兼容和支持各大平台的协议、拥抱生态圈将成为越来越多企业的选择。

现在投资公司谈智能设备都看所谓的智能三板斧：APP、Wi-Fi 模块和云端。即便是每一步路走得都挺好的创业企业，现在大多走的也是 B 端市场。不少在智能模块配套和智能云服务方面，与传统企业展开合作，助力传统产品的智能化改造。

智能家居多样化的功能延伸与多系统的产品特征，拉伸了产业链的覆盖，这就使得跨界至关重要，否则很难做出真正贴近用户需求的产品。事实上，跨界难度不小，每一家企业，都拥有自己独有的基因。智能家居需要解决控制需求、联动需求、互动需求和移动需求，这些需求涉及的产品与解决方案遍布在不同类型的企业。跨界难在企业的经营和形态问题，特别是传统企业在做互联网产品时，其实遇到的挑战是非常大的。以用户需求为导向反作用于产品创新，将成为新的行业特征。

◉ 探究智能家居的本质所在

究竟什么是智能家居？

从事智能家居越久，越说不好智能家居是什么？这或许是由于智能家居多系统组成和广泛功能延伸所决定的。不过，在探讨智能家居之初，我们也不得不深究下智能家居的定义。

智能家居在英文中称为 Smart Home，最初的定义为将家庭中各种与信息相关的通信设备、家用电器和家庭安防装置，通过家庭总线技术（HBS）连接到一个家庭智能系统上，进行集中或异地监视、控制和家庭事务性管理，并保持这些家庭设施与住宅环境的和谐与协调。

与智能家居概念相近的有"家庭网络""网络家电""家庭自动化"和"数字家庭"。一一细数，其中侧重点也是各不相同。究竟什么是智能家居？近年来推动行业新一轮发展浪潮的互联网企业普遍认为：智能家居是家电联网，并且能够自动组成一个系统，帮助人们解决实际问题。

究其特征，智能家居是以提升家居的生活质量为目的，以设备互操作为条件，以家庭网络为基础。因此在智能家居系统设计的过程中，智能家居集成强调系统的自动运行；中控主机应了解用户习惯，具有用户习惯学习功能；控制不是智能家居系统的中心内容，因为用户的核心需求不在控制上，只做控制的智能家居系统是没有前途的；家庭环境中人、物的状态，以及整个家庭的需求计算是智能家居设计的重要方向；不同环境中人的状态计算，以及信息分享，促进人和人之间的链接将是智能家居集成的重要内容。

控制技术没有最好，只有合适与否

智能家居项目应用中，总线系统一直以其稳定性、可靠性和可扩展性等优势得到智能家居集成商的推崇。随着智能家居集成市场与房地产配套需求的不断显现，国内市场总线新品不断涌现。围绕着标准化、大规模、实用化应用需求，业界厂商开始更多地将集成项目中的切实需求融入新产品的开发中，延伸出一系列创新应用，让集成设计有了更丰富的选择空间。无论是 KNX 与 Lonworks 等国际标准协议，还是性价比优势明显的 RS485 总线，产品线已然日渐丰富。

在无线应用方面，红外、433/315 射频、zigbee、Z-Wave、Wi-Fi、蓝牙可谓优势各具。其中红外线、Wi-Fi、蓝牙作为黑色家电影音设备、智能终端、智能家电、穿戴设备的连接控制方式，在集成应用中必不可少。433/315 射频、zigbee、Z-Wave 则更多发挥着控制介质的作用，当然其各自也是各具优势。除此之外，具有无源无线特色的 EnOcean 自获能，科技巨头策动的 Thread、Alljoyn，以及面向物联网应用的 Lora 与 NB-IoT，无线的世界也可谓精彩纷呈。

眼花缭乱地看完各种技术，不少人一定疑惑于这是否就是智能家居缺乏统一技术标准的真实写照？其实，也不尽然。智能家居不同于其他任何的民用细分领域，有着如此之多的技术类型，甚至有的还发挥着相同使命。我们看到其中不少技术往往来自于工业、商业，甚至军事应用。RS485 总线突出性价比，433 射频成本优势明显，KNX 贵为国际与国家标准，Z-Wave 为智能家居而生，EnOcean 独具特色，加上最为常见的 Wi-Fi、蓝牙、红外线。其中不少技术更是经历了多轮技术升级，可以明确的是，家居化的应用环境与用户需求千差万别，具体到技术的选择只有更合适，没有更先进！况且，对于终端用户所关心的也从不是技术本身。

从商业应用到走向家庭

智能家居控制系统多元化的功能应用，在一定程度上，其实也可以视作为楼控系统、会议系统、大型灯控、能源管理、安防系统等专业智能化系统在家庭环境中的微缩体现。然而，同样是智能化应用，同样以弱电系统为基础，与机场、剧院、酒店等大型公建和商业应用所不同的是，智能家居具有以普通用户为定位的应用方向和与之相对应的用户体验模式。加之，各种基础技术的日新月异，也使得家庭智能化应用凝聚了更多的功能想象空间，而在智能酒店与智能家居方面的应用也成为最为集中的民用落脚点。

技术的不断进步是发展的基础，传感器、可穿戴设备、大数据、云计算、基础网络、控制技术的不断发展为酒店智能化提供了可能；来自客户日益多元化和个性化的需求，需要我们敏锐地去洞察和捕捉；技术的推动，客户需求的拉动，很多时候会表现为越来越激烈的竞争。酒店同样如此，需要不断地考虑提升营业收入、降低成本和减少费用支出、如何让运营效率高一些等，都形成对酒店智能化需求的原动力。酒店智能化的价值体现在客户体验、市场营销和运行效率，这三点之间的关系，重点是在客户体验和市场营销，而运营很可能是为了帮助产品卖出去，而展开的实施和执行的路径。

我们看到，酒店智能化市场上以精品酒店为代表的细分市场需求开始凸显。具体在功能实现上，智能酒店的外延已不仅局限于控制层面。在互联网+的浪潮下，与云平台技术的结合也更加体现人本关怀，与移动互联紧密联系，一定程度上也将减少客人对 OTA 平台的依赖，建立起酒店与客人间的直接联系。

而在家庭层面，首当其冲的是以别墅、大平层为代表的高端住宅市场。住宅面积大、受控设备多使得相应的智能化刚性需求要强于普通类型住宅，业主相对充足的装修预算也为智能家居应用提供了必要条件。全宅灯控、家庭安防、中控系统、背景音乐、家庭影院、电动窗帘等也成为此类项目智能化应用的主要功能。但用户需要的不仅仅是在应用空间的微缩化和功能需求的简单化。令人欣喜的是，对于智能家居用户体验的积累，也是在集成商群体成长过程中日渐沉淀。近年来，随着控制技术日渐成熟，可选择的国内外产品日益丰富，智能家居集成项目的用户体验也在很多限度上得到有效改善。

基础技术条件的完善，以及随之而来的智能硬件热潮，使得智能家居功能体验也不再是豪宅用户的专属。在大大降低普通用户智能化体验门槛的同时，也有机会积累更为丰富的用户交互与体验，从而更好地指导产品迭代与技术升级。回想七八年前，智能家居业界还在讨论用花生壳实现远程控制，高大上的智能中控终端屏价格不菲，国产背景音乐更多依赖于本地音源，远程监控还受限于移动带宽的限制。时至今日，不免感慨良多！

系统集成市场的星星之火

十多年来,国内智能家居行业砥砺前行,智能家居系统集成商群体在国内外品牌的市场争夺战中逐渐形成,影音商家在融合趋势下正加快脚步跨界而来。与此同时,越来越多的新面孔开始为行业发展增添了更多的新鲜动力。

我们看到活跃在集成市场的智能家居一线服务商,大多由智能家居系统集成商、定制安装商、影音产品经销商和新进入行业的商家群体构成。在地域分布上,北上广深一线城市,和以江浙为代表的富庶地区成为集成商群体较为集中的区域。而西南地区则以重庆和成都为集成商汇集的中心,东北、西北和华中地区围绕省会城市和区域中心城市集成商群体不断扩充。

多年来,活跃在区域市场的服务商群体在所谓"野蛮生长"的市场环境中摸着石头过河,寻找适合各自的发展道路。随着智能家居集成市场的逐渐发展,行业从业门槛也在悄然间不断提高,现如今集成商家也绝非单打独斗可以立足市场,而更多是进入团队协作阶段。面对智能家居市场的日渐成熟,客户认知度的日渐提升,商家集成技术能力和售后服务也有了长足的提升。围绕单体智能系统、全宅智能、家庭影院等服务项目和服务流程也日益完善。经过十余年的市场发展与行业沉淀,以集成商为导向的市场模式逐渐清晰。当然,通过集成商服务的业主更多还是集中在别墅和大户型项目当中。

智能家居所涉系统众多,加之客户的个性化需求各不相同,一来二去的项目沟通,加之与装修公司的协作环节,着实在短时期内很难会有量的突破。这也是不少商家在历经五六年发展后所遭遇发展平台期的原因。我们发现,不少集成商也在慢慢将关注点转向公装项目或积极寻求在房地产项目上的规模化突破。

长期以来,不少区域商家始终在找寻适销稳定的"好产品"。由于市场上不少智能家居产品是进口品牌或是业内知名而业外无名,对于大多数终端用户来说产品品牌因素在其中发挥的影响作用并不是特别突出。

家装设计师在智能家居产品销售中更多发挥的还是客户筛选与引导工作，其群体本身对智能产品往往了解并不深入，相关的销售与展示工作更多还是集成商所为，因此也很难如同其他建材产品那样对客户的决定产生重要的影响。

此外，智能家居集成技术所涉系统涵盖了灯光、窗帘、背景音乐、中控、地暖、新风、影音传输、安防等诸多领域，以及在此基础上的协同控制与交互，正所谓每一个子系统都是一门学科。正因如此，在整体市场尚不成熟的如今，集成技术也成为考量集成商综合实力的最重要因素之一。当然，注重系统稳定性、讲究客户个性化、涉及第三方集成的智能家居，需要的是专业化团队的一条龙服务，而绝非"超人老板"从销售、设计、施工、维护的全能战士。在市场热潮的背后，深耕行业发展的厂家也更加看重合作伙伴的专业化程度和团队能力。

人工智能推动智能家居创新应用

智能家居呈现蓬勃发展态势的背后，语音控制技术不断走向成熟，也正引发了下一代人机交互的历史革命。语音交互对于智能家居最直接的意义在于将"智能家居"变得真正的智能起来。

随着在语音和图像识别领域的巨大技术突破，以及落地应用的不断增多。人类对于人工智能的研究也逐步进入全新阶段。深度学习被认为是人工智能革命性的一种新技术，其与机器学习存在着本质区别。深度学习是指按照人脑神经结构在计算机上建立人工神经元网络，教会机器如何像人一样思考。与人类的大脑沟回越多，智商越高类似，人工神经元网络的层次越多，学习深度就越深，神经元规模就越大，计算也就越复杂。深度学习在机器翻译、图像识别等领域正加快应用。

人工智能是计算机科学的一个分支，旨在进一步了解智能的实质，并生产出一种新的、能以人类智能相似的方式做出反应的智能机器。人工智能是研究让计算机拥有像人类一样意识、思维的科学。机器人是自动执行工作的机器装置。它既可以接受人类指挥，又可以运行预先编排的程序，也可以根据以人工智能技术制订的原则纲领行动。

众所周知，自然语言理解技术是人机交互的重要方面，即人类如何与机器进行顺畅的语言沟通。目前，自然语言理解技术已深入手机、汽车等人类触手可及的终端产品，应用场景在不断拓展。智能音响产品能够根据用户语音指示执行相应操作。一些汽车出行服务平台能够以语音形式与用户在导航、救助等方面进行实时沟通。同时，大量家用交谈机器人、智能机器人开始出现。

目前行业中很多智能家居、智能硬件产品，普遍存在的现象是很多产品是为了智能而智能，在用户初识的新鲜感淡去后，并不能为生活带来多少真正的便利。人工智能领域更多新技术的突破，无疑将催生智能家居设备更多自学习功能的产生，从而为用户交互与产品功能创新带来深远影响。

● 欧美国家智能家居发展现状、格局与趋势分析

科技巨头的智能家居情结

1) 谷歌：从 Android@Home 到 Google Home

2016 年 5 月，谷歌召开了 2016 年 Google I/O 开发者大会。在该大会上，谷歌对外推出了一款语音助手设备，称为 Google Home。

Google Home 类似一个带 Wi-Fi 功能的扬声器，基于语音指令来提供建议或是回答用户的问题，用户可以与 Google Home 进行双向对话。在功能上，它可以成为家庭设备的控制中心，注重音乐娱乐和语音搜索。如通过语音控制音响，连接灯光、恒温器等设备。具体来说，它能帮助用户设置任务清单、购物清

单、闹钟等，甚至可以通过它来预定 Uber 车辆。

　　然而，在此之前谷歌对于智能家居的探索恐怕要追溯到 2011 年与 Android 4.0 一同推出的 Android@Home。Android@Home 顾名思义就是用在家庭环境中，类似智能家居的自动化系统，可通过任何 Android 装置连接家中的大部分家电，这项 Android@Home 应用技术最大的用途就是能让用户使用已安装 Android 系统的设备来控制用户家中的电气化设备。

　　换句话说，谷歌当时的考虑是用户的 Android 平板或手机直接就是一部家用电器的万能遥控器，或者说 Android 设备可以成为整个家电系统的中心大脑。有了 Android@Home，用户可以操作家中一系列的设备，从游戏手柄到家用电器，甚至还包括电灯。

　　通过 Android@Home 当时对家庭自动化大胆的设想，洗衣机会根据你手机中的日程安排自动运行，灯光照明会根据你玩游戏的情绪调整照明，温控系统则通过手机里的天气预报信息来控制温度等，这个绿色的机器人会进入到你生活的每个角落。

　　而这一切依赖于有大量的 Android 第三方配件出现，这些东西该怎么用？或许谷歌会拿来全面进军家庭自动化，让整个家庭生活都会因 Android 而更方便、更欢乐。据了解，当时谷歌已经开发了一套完整的协议，来搭建整个自动化框架，让所有 Android 设备和第三方配件进行连接和沟通。

　　随着 Google Home 的正式发布，拥有更好的服务配套、更好的语音交互的谷歌着实令人期待，未来植入家庭入口设备需要的人工智能、大数据的核心技术，最终将给予客户的便是更好的体验。从深层次的体验角度来看，Google Assistant 就是人工智能与数据算法的结晶。这种以家庭为使用场景、以人工智能为技术支撑、以语音为交互方式的智能音箱，很有可能成为继智能手机后的另一款热门的消费级科技产品。

2）亚马逊 Echo：无心插柳柳成荫

历经五年多时间的发展，从语音控制到人工智能，智能音箱似乎成为新的入口选择之一。亚马逊 Echo 无疑抢占了先机。2014 年亚马逊 Echo 诞生时，它并未触及智能家居领域。随后逐步新增对 Belkin WeMo 无线开关和飞利浦 Hue 灯具的控制之后，Echo 才正式触及智能家居领域。亚马逊 Echo 音箱的 Alexa 语音是完全免费开放的技术，又加上 Echo 强大的对接控制设备，可以看到国外智能家居市场的开放环境氛围。通过 IFTTT 的云端联动，Echo 带给大家无与伦比的想象空间。

当时售价 199 美金的 Echo 热卖的同时，亚马逊随后推出了售价 129.99 美元的简化版 Tap，以及可以让传统音响智能化升级的 Dot。

Echo 带来的不仅仅是播放音乐和流媒体，还有许多物联网产品都加入到了 Echo 的平台中。而现在已经不仅仅是通过智能手机和 APP 来控制更多的设备，Lutron Caseta 无线照明系统、飞利浦 Hue、WeMo、Nest、Insteon 和三星 SmartThings 都可以通过亚马逊 Alexa 助手进行语音控制，用户除了通过语音命令打开和关闭照明系统之外，还可以通过 Alexa 来控制灯泡的明暗度。

值得一提的是，除了 Echo，亚马逊推出的 Fire TV 也一样可以控制家中的智能家居设备。此外，它们也都支持 IFTTT 服务，以实现更多的功能组合，比如让 SmartThings 中枢检测到主人到家之后开启照明。操作方面用户需要做的仅仅是按下遥控器上的语音键来对话。

不过，谷歌拥有的是整整十年所积累的庞大搜索数据，这意味着当用户进行查询时，谷歌将提供更好、更快以及更精确的结果，这似乎比亚马逊的优势要大。深度的语义理解，目前对于亚马逊 Echo 是难以做到的，Echo 中的 Alexa 语音更加偏向于理解前期内置设定的词条与语句，它的反应肯定不会超过 Google Home。

3）姗姗来迟的 HomeKit 还将有怎样的惊喜？

苹果在 2014 年的苹果全球开发者大会(Worldwide Developers Conference, WWDC)上针对 iOS 8 发布了 HomeKit 软件平台，挑起了众人胃口，引起了人们对苹果在智能家居领域发展的期待。不过，直至 2015 年的 WWDC 前几天，零星的第一批产品才开始销售。这其中包括：Lutron 的照明套装、Insteon 的智能家庭网关、Ecobee 的智能恒温器、iHome 的电源套装，以及来自 Elgato 的家用传感器。此外，HomeKit 平台的合作伙伴还包括 August 智能锁、霍尼韦尔的无线智能温控器、飞利浦的 hue 智能 LED 灯等。

利用 HomeKit，这些智能家居设备还可以通过 Siri 来控制。此外，用户可以针对不同场景，如下班回家后或上床睡觉时，配置不同的设置，从而自动调节灯光、音乐、电视机，以及其他设备的运行。

HomeKit 平台可以和 Wi-Fi 和蓝牙协议共同工作，当用户的苹果手机连入到局域网中就可以通过 Siri 语音操控。当然如果用户想在局域网之外控制也可以，用户需要一台 Apple TV 作为第三方桥接设备，也就是将 Apple TV 作为网关先将其他设备都连入进来，通过手机连入移动信号网络远程就可以控制。

独立的 HomeKit APP 将出现在即将发布的最新 iOS 10 系统中，用户可通过该应用实现所有兼容该平台智能设备的管理。独立 APP 的推出将使得用户今后可通过该平台实现所有兼容设备的统一管理、控制，避免每款智能设备都需要安装专属 APP 的尴尬局面，操控上方便了不少。在 iOS 10 中 HomeKit 功能支持范围更广，iPhone 今后将成为万能遥控器，让智能家庭设备的设置和管理变得更加简单，用户只需使用控制中心软件甚至 Siri 操作就可以了。其中，不少来自中国的厂商也开始对 iOS 提供支持。

4）微软 Win10 全平台通杀，当然还有智能家居

2015 年 7 月，微软在北京举办了 Win10 中国区发布会，Win10 作为一个全

平台通杀的新一代 Windows，不但有 PC 版，还有手机版、Xbox 版、电视版，全息眼镜版等等……微软力图将 Win10 打造成史无前例的 Windows，但是否能成功，还得看未来。不过，Win10 最令人兴奋的秘密武器是一个很容易被人忽略的功能：智能家居控制平台 Alljoyn。

Alljoyn 是一个开源软件框架，它提供了一组可以创建动态近端网络的服务，让设备可以通过相互连接实现功能交互。它允许设备自动发现附近的设备。

由 AllSeen 联盟负责管理的 Alljoyn 如果真的可以取得成功，Alljoyn 整合的可能不仅仅只是 Windows 用户，对于数百万完全不会设置智能家居产品的人也是好消息。从本质上来讲，任何 Win10 的设备：智能手机、平板电脑或 PC 都可能成为智能家居控制器。它类似于苹果的 HomeKit，让 iPhone 手机成为苹果智能家居的中心节点。但是，制造商想要与苹果的系统兼容必须在其产品中使用专用的芯片。Alljoyn 并没有对硬件的要求，只要有 Win10，Alljoyn 的集成解决方案可以很容易地将设备变成智能联网设备。

来自欧洲的 KNX 总线应用

KNX 技术是由欧洲三大总线协议合并发展而来，该协议以 EIB 为基础，兼顾了 BatiBus 和 EHS 在物理层规范和配置模式等方面的优点，提供了家居和楼宇自动化的完全解决方案。现阶段，智能家居集成项目仍然比较多地集中在高端住宅和公建项目当中，而系统稳定、功能延展性丰富的总线产品无疑在前装项目上拥有得天独厚的优势。

在智能家居领域，KNX 所能实现控制的功能包括灯光照明、电动窗帘、空调感应、电源管理，以及安防、监控、地暖等。其系统结构是总线结构，同时也有信号传输，信号是在带弱电的总线上传输。针对不同的控制功能有不同的控制器，分别是照明、窗帘、地暖、调光、传感器和网关等。

以一个 KNX 应用项目为例，在十平米面积的设备间中，安装了智能控制器的配电箱。因为 KNX 系统有一个特点，系统与断路器是一体的。当弱电信号在强电环境传输时，势必要面临屏蔽干扰的问题，这也与机电、电气安装水平有关。面对前装市场上的智能家居主要还是针对专业电气安装领域，这主要也是 KNX 的应用范畴。智能楼宇在楼道中的双控、延时开关等都是用智能系统来实现的，所以它整个就融入电气安装当中了。

十年前的智能家居只是指电气安装，没有如今种类繁多的可穿戴设备，更是缺少 Wi-Fi 终端设备的支持，对传统家电的控制也没有更多应用的功能。过去的十年间，我们整个智能家居的定义已经发生了变化，这对传统行业的厂家是一件好事，我们可以将更多的协议实现互通，带来更具实际意义的功能应用。

KNX 在智能家居领域的应用可以总结为，为客户提供更舒适的服务，舒适和方便是我们最大的初衷。更为重要的是，KNX 标准是开放的，假设在某个项目中用了某厂家的调光设备来控制照明，我们也可以选择另一厂家的空调控制设备，这是一个具有开放性的系统。不限定某个厂家的某一产品。对于 KNX 在中国的前景，它是在建筑物中广泛应用的国家标准或者国际标准，其控制原理非常简单，扩展性很强。未来通过 KNX 网关进一步融合 Wi-Fi、蓝牙等技术，应用功能也会越来越广泛。

对于照明、百叶窗和窗帘的控制，用户可以根据需要对室内照明制订多种整体控制方案，并将其存储，以便随时进行调整，完成与阳光的相互调节、联动安防系统和应对紧急照明需要。对于独立房间合适的室内温度是舒适性的重要条件，根据 KNX 系统设计要求，客厅适宜 21℃，厨房和卧室以 16～18℃ 为宜，浴室则需要高于 22℃。在设计暖通空调系统时，更需要考虑能耗与舒适性的兼顾。

欧洲运营商对于智能家居的落地尝试

除了基础智能家居系统应用，运营商也对智能家居投以关注。从 2013 年开始，欧洲智能家居市场就煞是热闹，Orange（法国电信）、德国电信等运营商先后宣布进军智能家居。Orange 随后紧锣密鼓地推出了智能家居解决方案 Homelive 系统。和欧洲其他运营商的智能家居战略不同的是，Orange 的智能家居解决方案和其自有产品 Livebox 形成了一个小却丰富的生态闭环。Orange 的 HomeLive 系统可以概括为"一个核心，多套设备"，其中 Homelive 基座是核心，用来连接各个设备。智能家居的用户可以根据自己的需要购买各个外围设备来连接基座，也可以购买核心+设备的礼包。

在法国运营商 Orange 的线下门店，都有 Homelive 的产品，Orange 利用大量线下门店的优势，将 Homelive 铺进了线下渠道，同时也可以在 Orange 的网上商城购买。HomeLive 智能家居套装入门级的价格为 79 欧元，其中包括 HomeLive 基座、门窗开关探测器、运动探测器以及智能插头。以 Homelive 为例，配套产品来自多家 Z-Wave 联盟成员公司，其中 MIOS 提供家庭控制中枢的软件平台，设备来自 Fibaro 与 Aeon Labs。

北美市场 Z-Wave 技术应用

在交流中，很多朋友都以为 Z-Wave 是美国的技术，其实 Z-Wave 技术来自丹麦，起源于 1999 年 3 位丹麦工程师想在自己家中实现智能家居，因此他们开发了这样一套无线系统。考虑到房屋已经装修，再设计安装新系统是比较麻烦的，成本也相当高，所以他们决定用无线技术来实现。这一技术很快就在欧洲得到几个很知名品牌的青睐，由此发展为 Z-Wave 联盟。

Z-Wave 技术设计用于住宅、照明商业控制以及状态读取应用，如抄表、照明及家电控制、暖通空调、接入控制、防盗及火灾检测等。Z-Wave 可将任何独立的设备转换为智能网络设备，从而实现控制和无线监测。Z-Wave 技术在最初设计时，就定位于智能家居无线控制领域。采用小数据格式传输，40kb/s 的传输速率足以应对，早期甚至使用 9.6kb/s 的速率传输。与同类的其他无线技术相比，拥有相对较低的传输频率、相对较远的传输距离和一定的价格优势。

现阶段，Z-Wave 产品主要针对美国市场，且用户量最大，预计可以达到全球市场的七成左右。美国是一个相对发达的国家，一种语言，一个标准，使得 Z-Wave 在美国应用以后发展得非常快。这也是由于美国大部分城市的房屋都非常大，要跑遍屋子去关灯、关空调是件费劲的事情，所以智能家居某种程度上是刚需。与中国的住宅不同，美国没有成规模的小区，房屋就建设在马路旁边，安全性成为业主考虑的首要问题，因此，在美国安防系统服务非常成熟。对于安防企业来说，整个安防产业链的上下游无论是产品、施工还是售后服务都非常完善，在此基础上，导入智能家居系统，可以为安防企业增加更多的业绩，他们很乐意这样做，所以智能家居产品在美国是非常有市场的。

在美国推动 Z-Wave 智能家居发展的主要是运营商。第一是安防运营商，第二是电信运营商。就他们而言，他们希望能够有多个供应商，并且可以执行一个跨品牌、跨产品的标准。良性的产品竞争，促使产品的价格便宜且不断改进升级。上述的两点都是 Z-Wave 在美国很快成功的原因。

在北美市场，安防供应商 ADT 公司、美国电信运营商 AT&T、互动安全解决方案技术提供商 Alarm.com、电信及无线业务服务商 Verizon、以及 Vivint、GE 旗下 Jasco 公司、智能锁供应商 Kwikset、Yale、Smart Things、Revolv、Staples、Lowe's 等代表企业构建了完整的 Z-Wave 智能家居生态圈。

美国市场突出的影音娱乐需求

美国对于智能家居的称呼从意为家庭自动化的 Home Automation 转向如今公认的智能家居 Smart Home，如果深入了解美国智能家居发展史的朋友，还会见到智能家居几十年历史中的其他名词，如 Digital Family、Home Net/Networks for Home、Network Appliance,等等。因为在智能家居刚刚出现时，家庭自动化甚至就等同于智能家居，但现在它已经是智能家居的核心之一，家庭自动化的许多产品功能都已随着时代的变迁融入更多的网络技术产品中，而使用单纯的家庭自动化产品在系统设计中越来越少，其核心地位也被子家庭网络和家庭信息系统所代替，家庭自动化已经作为家庭网络中的控制网络部分在现在的智能家居中发挥作用。

美国智能家居集成商的主打理念更多体现在舒适、娱乐、健康、环保、安全，而不是功能上的自动化，是一种家的感觉的描述，所以 Smart Home 称呼比 Home Automation 更加人性化。

想在家中舒舒服服和家人、朋友享受高质量的影院级电影，智能家庭影院系统可以安装在任何房间，无论是阁楼、车库还是未使用的地下室，智能家庭影院系统是整个全宅智能系统的必备子系统。

影院级的清晰度和立体声享受，身临其境的感觉与家人、朋友的陪伴是电影院里享受不到的氛围。3D 高清投影机、4K 播放设备、智能灯光、中央空调、音视频矩阵等设备是必不可少的，还要能让这些设备在不观影时自动隐藏。更为重要的是实现对上述设备的智能化整合控制。此外，自动舒适的躺椅可以与电影同步震动，好的隔音设计可以让旁边的房间不受丝毫干扰。除此以外利用声音、光线、色彩、震动和气流来模拟观影和游戏中的真实感受。

要知道美国是人均消耗大国，如何在高消耗享受物质生活的同时，减少对环境的破坏是智能家居的义务。随着美国智能电网的全面普及，家庭的多余电力开始输入主网，自动调节电力峰值与低谷时的用电需求，打造清洁的循环电力。风靡一时的 Nest，其实是智能温控解决方案的集中体现，在能耗方面，用户希望可以自行设定本月的供暖支出，让系统自己来分配电量供给。智能系统一键可以搞定每个单独房间里的温度设置，节能模式下，当用户洗澡时，会优先给热水器供暖，洗完澡后整个房间的温度就已经调整至最佳状态，从智能浴室走到任意房间都可以感觉到智能家的温馨。

家庭安防则是面向家人与家人之间的安全照看和安全交流，而不是外部对家庭的安全伤害，当然包括对外的安防监控功能。这也同当前国内以智能摄像头为代表的轻型家庭安防产品的特征相类似，更为重要的是不断提升的用户体验感。

欧美知名智能家居品牌在中国市场的发展

品牌	产品覆盖	采用技术	市场方向	代表产品/备注
罗格朗	可视对讲，智能灯控	SCS 总线，KNX，zigbee	集成渠道，房地产，酒店	奥特，逸享，Bticino
霍尼韦尔	可视对讲，智能灯控，安防系统	总线、无线	集成渠道，房地产	MoMas
快思聪	智能中控，智能灯控，音视频	总线、无线	集成渠道，房地产，酒店	Crestron, Pyng
AMX	智能中控，智能灯控，音视频	总线、无线	集成渠道，房地产，酒店	哈曼旗下
施耐德	智能灯控，可视对讲	zigbee，KNX 总线	房地产，酒店	奥智 Ezinstall，Wiser 智慧家居
ABB	智能灯控，可视对讲	zigbee，i-bus 总线（KNX），TCP/IP，	房地产，酒店	i-bus, free@home, i-家
Savant	智能中控，智能灯控，音视频	总线，TCP/IP	集成渠道，房地产，酒店	/
Control4	智能中控，智能灯控，音视频	RS485 总线，TCP/IP，zigbee	集成渠道，房地产	/
尚飞	电动窗帘、遮阳	总线、无线	房地产，酒店	/
路创	灯光控制、电动窗帘	总线、无线	酒店、商业	/
博世	可视对讲	TCP/IP	房地产	/

● 智能家居热行业冷思考

从单系统应用到集成控制

2013 年智能硬件风潮席卷而来,其所衍生出的轻智能概念同样也令智能家居行业如沐春风。早期在众筹平台上出现的智能家居产品大多以亲民价位的单一功能应用的形式出现,加之智能手机 APP 的普通应用,更进一步减少在购置操作终端方面的成本。此类产品不同于全宅智能的复杂系统,呈现出轻量化的特点。当时业界普遍认为,轻量化的智能家居产品有着更接近消费电子的特点,方便易用,省去了过多的安装调试环节,自然也就不再需要系统集成商的专业技术支持。随之而来的是产品消费群体的进一步扩大,而更为积极的意义在于对智能家居消费理念的极大推广。

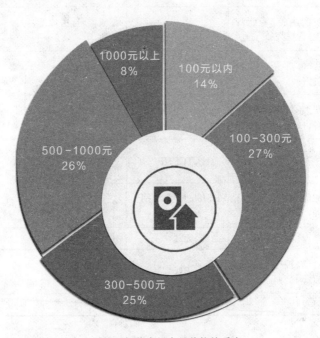

单品型智能家居产品价格接受度

　　然而，不论是智能硬件创业团队看待略显厚重复杂的智能家居系统，抑或是用行业眼光审视当下火热的轻智能趋势，一重一轻的两相影响之下，业界对于智能家居的功能落地产生了前所未有的期待。

　　然而事与愿违，面向个人的软硬结合智能硬件能够吸引眼球，这并不假，但要成为所谓爆品，确实很难，行业又一次重复着"叫好不叫座"的尴尬。曾几何时，面向传统家电企业为代表的垂直行业的 B 端市场开始热闹。在一件件智能单品快速迭代，沦为"玩具"的背后，面对智能单品的互联形成规模，我们又开始重新思考系统的意义所在。

　　以智能中控、总线灯控等为代表的集成产品，其真正的出发点是定位一个基础设施提供者，成为智能家居的基础设施，就像家里要有热水炉和配电箱。而不是做消费电子、智能单品或者是小智能系统的供应商。不是生产一个放在桌上连上 Wi-Fi 就可以使用的产品。集成产品定位于给消费者提供基础设施，打造家居生活智能化体验。在这个平台上，专业厂商会和更多的第三方设备去对接，实现更多产品的互联互通。通过开放平台，更好地满足本土化用户体验和软件系统升级，集成更多更丰富的本地化第三方产品，为用户提供更丰富的智能家居解决方案选择。

　　尽管智能家居集成控制与定制安装面向客户群体相对窄众，但其在发展过程中逐渐形成的服务体系和逐渐密集的网点分布，成为智能家居服务体系构建的有效探索。

　　伴随国内智能家居集成市场一路走来，在不少企业看来，国内市场掀起一股"智能风"热潮，不断升温的市场是好事，但是更多地停留在概念炒作上，并不利于整个智能家居市场的健康发展。国外厂商并不是那么看重"智能"的噱头，而是更加专注于生产出更多优质产品，国内厂家同样需要脚踏实地地关注用户需求，从用户体验出发，提供真正便捷实用的智能家居类产品，让智能真正意义上融入到家居生活。

从锦上添花到突破实用

在国内市场,不过是借由系统集成针对于前装市场基础需求的智能家居应用,抑或是智能插座、智能灯泡、智能摄像头为代表的后装轻应用,无一例外在一段时间内都难逃"锦上添花",无用之用的尴尬境地。或许也正是由于这一原因,更多对于智能家居应用的研究转而将关注的目光投向场景。寻觅智能家居在安全、舒适、便捷基础上的实用突破。回想数年前,智能家居经销商们大多还苦于无法将锦上添花的功能向意向客户们说道清楚,而更多的用户还可能在听完表述后心生失落。这些年来,对于智能家居集成需求,影音中控、背景音乐、智能联动、中央空调与地暖新风融合控制,以至于无线网络覆盖都成为实用功能的一个个真实落地点。

集成市场经过多年的发展积淀,活跃在区域市场的智能家居集成商逐渐摸索出以装修设计师渠道为主,面向高端客户的市场模式。然而客单量的限制、利润的压力以及满足客户个性化需求的要求,使得很多集成商将更多的精力投入到场景化设计和智能影音产品集成的方向。

无独有偶,与此类似的智能硬件产品,如手环、手表、插座等传统或是第一次接触的产品都打上了智能的符号。尽管取得了一定销量,并不代表日活、月活的使用率就很高。即使在早期价格不菲的各种智能手环,佩戴了一段时间之后,往往会出现疲劳感。而在对家电智能化的探索与尝试中,空调、热水器、加湿器等产品,加上了远程操控和社交功能,似乎也并未解决普通消费者的真正诉求,然而不论是智能家居、智能硬件和智能家电实用功能的落地还需经过漫漫探索。

需求落地与服务配套

家装和智能家居非常重要的元素是家,而对家的理解,每个人都有各自不同的理解,家不只是房子,而是系统工程。智能家居行业的热度不减,吸引了资本市场的广泛关注，但行业需要思考的是最后这个市场到底谁来"买单"？市场最终还是会逐渐回归理性，离不开产品本身，离不开服务。无论采用什么样的设计，不管整合怎样的生态链，产品需要实实在在地让生活变得简单，让用户体验到人性化与健康、环保概念的融合。厂家要解决的不仅仅是产品问题，还有产品生态圈，以及服务的跟进问题。

随着房地产行业的发展进入了全新阶段，位置、设计等要素要趋于平衡和白热化，更加需要智能家居增添增值服务。同时，需要实现跨界资源整合的增值服务，提升社区管理效率，降低人力成本。智能家居是在房地产市场竞争同质化阶段，体现更多产品竞争力和解决增值问题的关键。

面对一线城市日益高企的房价，其实在不少开发商看来房价涨不涨的核心因素与智能家居、住宅性能并没有必然的联系，而是与住宅品质关联较大。地价越来越贵，不仅是高端住宅市场，改善型住宅的竞争也越来越激烈。开发商不断地要追求给客户提供品质更高的产品，而在智能家居方面，我们希望真正能够满足客户的需求，我们更重视客户居住进去以后的感受。

我们知道房地产市场存在刚需、改善、豪宅的细分。其中，改善型的客户往往是最大的市场，他们需要什么样的智能家居和智慧生活的产品？这个市场很大，豪宅客户大多比较崇洋，需要一些更有品质的产品；刚需客户市场也很大，但往往会更多关注于压低成本。对于智能家居，一线城市的改善型市场是最值得期待的。

生活环境的改善是社会发展的必然结果，开发商之前大多推毛坯房，现在更多关注于精装房。尽管成本有所提升，但精装房有着特别多的优势，包括智能家居。如果不是开发商精装配套智能家居，由客户自行改造，可能花费成本更高，效率较低。

未来随着住宅产业化与精装修趋势的深入发展，开发商对智能家居在房地产中的应用不仅仅是预期和关注，正确的理解应该是渴望和渴求。随着地价成本的增加，智能家居的成本基本可以忽略不计。面对同质化竞争，智能家居无疑是住宅的附加值增长点。

第2章 技术篇:"大脑"是如何运作的

● 智能家居产业链阐释

事实上,对于智能家居我们很难将其归属为一个行业,多元化的功能属性同样也与不同类型的产业链资源产生连接。然而,随着智能家居从概念到应用,从模糊到具象,从碎片化到有针对性,关注这一领域的厂商在不断增多,在具体出

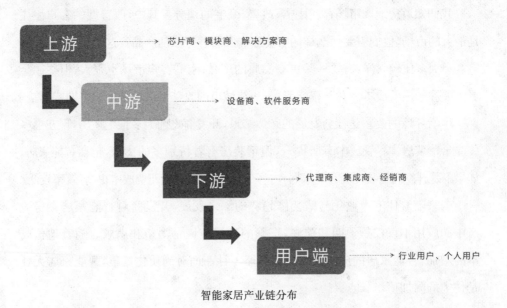

智能家居产业链分布

货量不断提升的影响下，一如其他传统领域的发展，位于产业链上游的供应商们也开始着重关注智能家居这一新兴领域的发展，推出相应的芯片、模块、解决方案、云服务、软件服务等也可谓顺理成章。

智能家居上中下游产业链分布

1）芯片、模块、解决方案关注智能家居应用

智能化产品中，必不可少的是芯片和传感器，而智能家居也不例外。芯片环节是智能家居行业的最核心环节，芯片直接反应了技术路线特点和产品性能。在产业链上游分布有芯片商、模块商、解决方案商等。近年来，随着 IoT 物联网细分领域受关注度的日益提升，围绕智能家居应用需求的相关解决方案也开始日渐丰富。其中 zigbee、Wi-Fi、蓝牙等无线应用备受关注。

围绕 zigbee 应用，TI、Marvell、NXP、Greenpeak、Silicon-labs 等早有布局，同样不乏顺舟、雍敏、瑞瀛、飞比等模块与解决方案提供商；Wi-Fi 领域的 Marvell、TI、联盛德、乐鑫、MTK、灵芯、瑞昱、ST、高通、博通、Atmel、南方硅谷等也同样对智能家居应用报以关注；此外，专注于智能家居应用的 Z-Wave 技术则是由 Sigma Designs 独家提供芯片。

2）设备商、软件服务商大量聚集

产业链中游分布相对多元化，聚集了大量互联网企业、家电企业、新兴智能创业企业、以及以建筑电气、安防、照明、中控等为代表的智能家居控制类企业等四大分类方向的设备商构成智能家居整体市场业态，部分外包服务与设备商自建软件团队相结合，同时分布有相关的 Paas 云平台服务商和 Iaas 软件服务商等。

其中，智能家居系统所产生数据的包含面非常广，既有硬件传感器的数据、硬件本身的数据运行状态，也有用户和硬件交互的数据，还有用户通过 APP 等

客户端产生的数据,更有用户自身的使用习惯和生活场景的数据等,这就导致整体的智能家居所产生数据的积累速度和量都很大。同时,数据又是企业的一种战略资产。采用分布式大规模的云存储架构是满足企业高速发展和创新需求的必然趋势。

3) 代理商、集成商、经销商转型升级

产业链下游重点分布为销售渠道,代理商、集成商、经销商三者定位存在交叉现象,从十多期 CSHIA 智能家居工程师培训反映的学员数据来看,近年来新进入市场的渠道商、家中影音设备经销商、中央空调服务商、装饰装修企业等不断增多。不少电工、建材类传统企业在智能化转型过程中也期待推进原有传统渠道的升级转化。

4) 行业用户与个人用户需求日渐明确

具体在智能家居用户端可分为以装饰公司、房地产开发商、弱电总包商、酒店方为代表的行业用户以及以别墅用户、平层用户为代表的个人用户。与此同时,智能单品的应用浪潮也大大降低了普通用户接触与体验智能家居的消费门槛,在一定程度上扩充了个人用户群体。

智能家居控制通信技术应用

智能家居在国内市场经过十几年的发展,通过在技术上的不断探讨和研究,各项技术与集成衔接已逐渐趋于成熟。

无线技术联接更广的应用空间

在穿戴设备、智能手机、智能电器不断更新迭代的过程中,伴随用户认知与习惯改变的过程,无线智能产品与系统将获得更多的用户数量与快速增长的市场前景。从用户角度出发,通过无线产品可以在后期根据自己的喜好和需求,通过增加产品或升级软件进行更多功能扩展。在智能平台与不断推出的智能单品

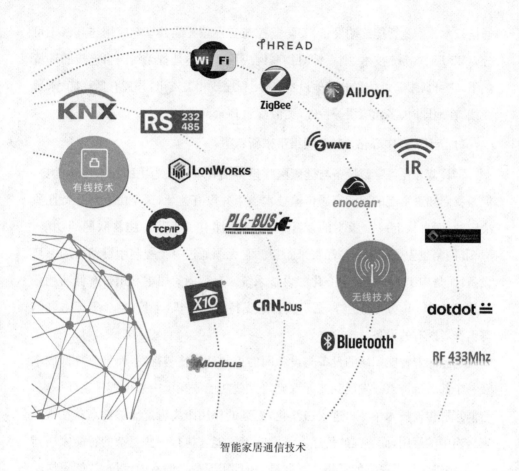

智能家居通信技术

背后,更接近于"满足用户意想不到的需求"。

1) Wi-Fi:直联首选,组网能力存瓶颈

Wi-Fi 是目前所有无线技术中具有最广泛应用基础的一支,传输距离长,传输速度高,但功耗大、组网差一直是其进入物联网的一道门槛。Wi-Fi 具有天然的联网优势,不需要中间设备,Wi-Fi 插座为大家带来低成本的智能家居初体验,同时 Wi-Fi 也成为智能家电解决联接的首选。

不过,其令人隐隐不安的安全性、模糊的健康性,让人们对未来在智能家居领域的表现产生怀疑,但不可否认的是 Wi-Fi 仍是眼下智能家居领域一项重要

通信技术。毕竟智能终端设备、安防监控与音视频无线共享等应用与其密不可分。Wi-Fi Aware技术，则更针对物联网应用。在不具备无线网络连接的环境之下，它可探索邻近位置的其他设备、应用程序或相关资讯，并拥有低耗能、永远在线、在地即时、多元应用等特性，类似蓝牙Beacon。

2）蓝牙：去中心化，Mesh网络带来新希望

尽管蓝牙在可穿戴设备与健康医疗设备中有着先入为主的技术传输优势，但是我们知道主流的智能家居传输技术当中并没有蓝牙，这是由它自身特性所决定的，而自从上一个版本的蓝牙4.2，已经拥有了一些专注物联网的功能，Mesh网络也为智能家居产品带来希望。它无须通过一个控制中继路由的一切设备，而是构建了一个去中心化的设备系统。在智能家居中利用带有低功耗蓝牙技术的Mesh功能的优势，在于其普遍支持智能手机、平板电脑、笔记本电脑等消费者既有的设备。

这意味着智能家居的设备与设备间的控制已经整装待发，而且兼具低成本及易于部署等特点。发展到蓝牙5则将这些功能放在了中心位置。这样一来，智能家居传输技术争斗将进入白热化，更远的作用距离肯定能够提高其在智能家居当中的运用，而更强的传递容量意味着它能够执行一些复杂的智能家居指令，这将进一步提高它的竞争力。此外，一旦实现精准的室内定位，智能家居就如鱼得水一样获得了强大的技术支撑，直接或间接地衍生出多种多样的智能家居新功能，因为你的设备能通过蓝牙获知主人的室内位置，这必定会催生很多智能家居的新玩法。比如，当您从卧室走到客厅的时候，您卧室的灯自动关闭，客厅电视、影音设备、窗帘、背景音乐自动进入待机状态，只待你一声令下，它们就可以迅速切换至娱乐影音模式场景。这如此美妙的智能化生活场景将来很快就会实现。

3）zigbee：热门应用，迈步互联互通

源于对工业物联网需求而诞生的zigbee协议，凭借低功耗、网状组网、节点

多、高安全性等属性，被很多企业视作未来在智能家居行业应用最广泛的协议。zigbee 使用频段为 2.4 G，868 MHz 以及 915 MHz。在不使用功率放大器的前提下，zigbee 的有效传输范围为 10～75 m。

zigbee 联盟先后颁布 zigbee Home Automation（zigbee HA）、zigbee Light Link（zigbee LL）、zigbee Building Automation（zigbee BA）、zigbee Retail Services（zigbee RS）、zigbee Health Care（zigbee HC）、zigbee Telecommunication services（zigbee TS）等应用层协议来满足智能家居、智能照明、智能建筑、智能零售、智能健康、智能通信服务等领域。问题是这些应用层协议是独立不互通的，这便使得智能家居不能互联互通。

2016 年，zigbee 联盟推出 zigbee 3.0，主要的任务就是为了统一 zigbee HA、zigbee LL、zigbee B、zigbee RS、zigbee HC、zigbee TS 等应用层协议，解决了不同应用层协议之间的互联互通问题。zigbee 3.0 也进一步标准化了 zigbee 协议，向智能家居的互联互通迈出了一大步。

4）Z-Wave：为智能家居而生，生态圈有待构建

Z-Wave 是一种基于射频的、低成本、低功耗、高可靠、适于网络的新兴短距离无线通信技术。工作频带为 908.42 MHz（美国）—868.42 MHz（欧洲），采用 FSK（BFSK/GFSK）调制方式，数据传输速率为 9.6 kbps，信号的有效覆盖范围在室内是 30 m，室外可超过 100 m，适合于窄带宽应用场合。随着通信距离的增大，设备的复杂度、功耗以及系统成本都在增加，相对于现有的各种无线通信技术，Z-Wave 技术将是最低功耗和最低成本的技术，有力地推动着低速率无线个人区域网。

Z-Wave 技术设计用于住宅、照明商业控制以及状态读取应用，例如抄表、照明及家电控制、HVAC、接入控制、防盗及火灾检测等。Z-Wave 可将任何独立的设备转换为智能网络设备，从而可以实现控制和无线监测。Z-Wave 技术在最初

设计时，就定位于智能家居无线控制领域。采用小数据格式传输，40 kb/s 的传输速率足以应对早期甚至使用 9.6 kb/s 的速率传输。与同类的其他无线技术相比，拥有相对较低的传输频率、相对较远的传输距离和一定的价格优势。Z-Wave 此前的应用市场重点集中在欧洲与美国，近年来开始进入中国市场，同时部分 Z-Wave 配套外销产品加大国内市场关注力度，配套应用产品增多，整体生态圈有待构建。

5) EnOcean：无源无线，加大智能家居领域关注

EnOcean 无线通信标准被采纳为国际标准"ISO/IEC 14543-3-10"，这也是世界上唯一使用能量采集技术的无线国际标准。EnOcean 能量采集模块能够采集周围环境产生的能量，从光、热、电波、振动、人体动作等获得微弱电力。这些能量经过处理以后，用来供给 EnOcean 超低功耗的无线通信模块，实现真正的无数据线、无电源线、无电池的通信系统。EnOcean 无线标准 ISO/IEC14543-3-10 使用 868 MHz、902 MHz、928 MHz 和 315 MHz 频段，传输距离在室外是 300 米，室内为 30 米。

EnOcean 自获能的一个无线技术。这个技术的特点，就是传感器和开关不需要使用电池，而是通过采集周围环境中的能量去给这个开关跟传感器供电。EnOcean 有 3 种能量采集方式，第一种是采集机械能，通过按动开关产生的机械能就足够无线模块发出一个信号，去控制这个灯的开和关；第二种能量采集形式是采集室内的光能，就是普通的室内自然光供给传感器工作；第三种是采集温差能，所有这些能量采集的形式，确保了这些传感器的工作完全不需要布线，不需要电池。在智能家居领域应用集中于项目改造和预装制的房屋，在德国斯图加特主动式住宅、日本骊住样板房、上海汤臣一品遮阳等项目均有案例应用。

6) Thread：与应用层无关的无线网络协议

Thread 是一种基于 IP 的无线网络协议，与应用层无关，它是被设计为与不

同的应用层协议一起工作或是提供支持，用来连接家里的智能产品。由 Nest、三星、ARM、Big Ass Fans、飞思卡尔和 Silicon Labs 公司在 2014 年共同推出，高通在 2015 年也加入了 Thread Group 董事会。有观点认为，Thread 也许会成为未来智能产品的关键通信协议，并或许与 AllSeen 联盟有合作机会。

不同于现有的网络技术标准，Thread 采用了 IPv6 协议，并专注于降低电池耗电量。Nest 智能恒温器支持 Thread 标准。Thread 规格的目标是为了替家用物联网设备建立可靠、安全、低功耗的网状网络协议。

Thread 标准是基于 zigbee 基础组件改造的一种衍生协议，为在 Thread 架构上执行 zigbee 的丛集链接库应用协议开了一扇门。目前已推出 1.0 版，但 Thread 门槛较高，除 zigbee 外，底层协议（802.15.4）与 Wi-Fi（802.11b）和蓝牙（802.15.1）不同，需要设备更换芯片。

7）AllJoyn：近距离无线传输"中性平台"

AllJoyn 是高通主导的一个开源项目，主要用于近距离无线传输，通过 Wi-Fi 或蓝牙技术，定位和点对点文件传输，2013 年捐给 AllSeen 联盟。高通作为 AllSeen 联盟重要成员，在物联网上不断加紧布局。AllJoyn 是一个独立于操作系统、开发语言、通信协议的开放源码的软件框架。它适用于 Microsoft Windows、Linux、iOS 和 Android 等所有 HLOS 高级操作系统，以及各种内存和处理能力极度受限的嵌入式 RTOS 操作系统，解决了异构分布式系统中的难题，被称作是"中性平台"。AllSeen 联盟是 Linux 基金会下的一个协作项目组织，旨在推动物联网应用与创新的跨行业联盟。2016 年 10 月，AllSeen 联盟与物联网标准组织 Open Connectivity Foundation（简称 OCF）宣布双方正式合并，由此成为全球物联网行业最大的标准组织，微软、思科、英特尔与海尔均为其董事会成员。

AllJoyn 的特点在于其开源的灵活性，以及处于应用层，与传输层无关。

AllJoyn 框架运行在本地网络上，无需通过云对身边设备进行连接，保证应用程序和设备互相交谈时，直接、快速、高效、安全，即便没有互联网连接的情况下，设备之间也能互联互通；在远程需要与云连接时，通过 AllJoyn 网关代理连接到互联网，减少连接到互联网上的设备数量。AllJoyn 物理层支持 Wi-Fi、Thread、PLC、以太网、蓝牙，解决了 Wi-Fi 的自组网问题，后期可能还会扩展更多其他协议。

有线技术：稳定为先，关注集成应用

总线技术的主要特点是所有设备通信与控制都基于一条总线，是一种全分布式智能控制网络技术，其产品模块具有双向通信能力，以及互操作性和互换性，其控制部件都可以编程。市场上比较有影响力的总线技术包括 RS485、KNX、CAN、LonWorks、Modbus 等，以及 C-Bus、SCS-BUS 等厂家自由协议。总线技术类产品比较适合楼宇智能化以及小区智能化等大区域范围的控制，其优势在于技术成熟、系统稳定、可靠性高，应用也比较广泛。

1) RS485：构建智能家居轻总线应用

RS485 是一种非常常见的总线。在通信距离为几十米到上千米时，广泛采用 RS485 串行总线标准。它采用平衡发送和差分接受，因此具有抑制共模干扰的能力。加上总线收发器具有高灵敏度，能检测低至 200 mV 的电压，故传输信号能在千米以外得到恢复。

市场上一般 RS485 采用半双工工作方式，任何时候只能有一点处于发送状态。因此，发送电路须由使能信号加以控制。RS485 用于多点互连时非常方便，可以省掉许多信号线。应用 RS485 可以联网构成分布式系统，其允许最多并联 32 台驱动器和 32 台接收器。

从智能照明发展的轨迹看，最早的产品一般采用 RS485 技术，这是一种串行的通信标准，因为只是规定的物理层的电气连接规范，每家公司自行定义产品的通信协议,所以 RS485 的产品很多,但相互都不能直接通信。RS485 一般需要一个主接点,通信的方式采用轮询方式,模块之间采用"手拉手"的接线方式,因此存在通信速率不高(一般只有 9.6 Kbps)、模块的数量有限等问题。近年来,智能家居领域不少厂家基于 RS485 推出冠以各种 BUS 的私有总线系统产品,突出在总线产品中的性价比优势。

2) KNX：提供家居和楼宇自动化完全解决方案

众所周知,KNX 技术是由欧洲三大总线协议合并发展而来,该协议以 EIB 为基础,兼顾 BatiBus 和 EHS 在物理层规范和配置模式等方面的优点,提供家居和楼宇自动化的完全解决方案。

KNX 作为一个开放性的标准,从 2006 年起成为建筑物的现场总线标准。目前全球有 364 家制造厂商应用 KNX 技术,其中包括 ABB、西门子、施耐德等电气巨头,成员遍布 34 个国家,超过几千种产品应用。

在智能家居领域,KNX 所能实现控制的功能包括灯光照明、电动窗帘、空调感应、电源管理,以及安防、监控、地暖等。其系统结构是总线结构,同时也有信号传输,信号是在带弱电的总线上传输。针对不同的控制功能有不同的控制器,分别是照明、窗帘、地暖、调光、传感器和网关等。

3) LongWorks：神经元网络协同工作无需主机

LongWorks 总线由美国 Echelon 公司推出,并由 Motorola、Toshiba 公司共同倡导。它采用 ISO/OSI 模型的全部 7 层通信协议,采用面向对象的设计方法,通过网络变量把网络通信设计简化为参数设置。支持双绞线、同轴电缆、光缆和红外线等多种通信介质,通信速率从 300 bit/s 至 1.5 M/s 不等,直接通信距离可达 2 700 m(78 Kbit/s),被誉为通用控制网络。到 2010 年时已有 9 千万个设备使用 LonWorks 网络技术。

LonWorks 总线技术采用的 LonTalk 协议被封装到 Neuron 神经元的芯片

中，并得以实现。在智能家居领域，其最大的特点就是不像别的智能家居总线系统，必须有一个类似大脑的主机。LonWorks 总线技术不需要主机，它采用的是神经元网络。每个节点都是一个神经元，这些神经元连接一起就能协同工作，并不需要另外一个大脑来控制。所以安全性和稳定性较其他总线大大提高。LonWorks 的实时性、处理大量数据的能力有些欠缺；其次，由于 LonWorks 依赖 Echelon 公司的 Neuron 芯片，所以它的完全开放性也受到一些质疑。

4) ModBus：全球第一个真正用于工业现场的总线协议

ModBus 是由现在施耐德电气公司旗下品牌 Modicon 在 1979 年发明的，是全球第一个真正用于工业现场的总线协议。目前施耐德公司已将 ModBus 协议的所有权移交给 IDA 分布式自动化接口组织，并成立了 ModBus-IDA 组织。

ModBus 协议是应用于电子控制器上的一种通用语言。通过此协议，控制器相互之间或经由网络，如以太网和其他设备之间可以通信，它已成为通用工业标准。有了它，不同厂商生产的控制设备可以连成工业网络，进行集中监控。

此协议定义了一个控制器能认识使用的消息结构，而不管它们是经过何种网络进行通信。它描述了控制器请求访问其他设备的过程，如何回应来自其他设备的请求，以及怎样侦测错误并记录。它制定了消息域格局和内容的公共格式。当在 Modbus 网络上通信时，此协议决定了每个控制器需要知道它们的设备地址，识别按地址发来的消息，决定要产生何种行动。如果需要回应，控制器将生成反馈信息并用 ModBus 协议发出。在其他网络上，包含了 ModBus 协议的消息转换为在此网络上使用的帧或包结构。这种转换也扩展了根据具体的网络解决地址、路由路径及错误检测的方法。目前，支持 Modbus 的厂家超过 400 家，支持 Modbus 的产品超过 600 种。Modbus 可以支持多种电气接口，如 RS232、RS485 等，还可以在各种介质上传送，如双绞线、光纤、无线等。

智能家居集成功能应用

随着智能家居市场的不断发展,我们发现已经很难用一种划分方式可以完全将不同类型的制造商和应用功能加以划分,这主要也是由于近年来智能家居功能需求日渐具象化,不同企业在寻求控制方式多样化的过程中,无一例外地需要面对智能灯光、设备控制、传感器应用、第三方系统集成种种,这也使得各自的产品线延伸日渐趋同。

不过,同样是设备控制,针对的用户需求、实现的功能和控制方式却不尽相同,同时,不同企业的不同基因和功能定位也决定了智能家居不可能千篇一律。那么,我们就以此来作为划分厂商和功能类别的依据,需要注意的是这里我们所划分的主要是前文所述四大厂商类别中智能控制类的企业,这也是目前在智能家居集成应用市场的主力军。

1) 智能中控: 从豪宅专属到走进客厅影院

十年前提到智能家居必须是高端豪宅专属,国外几大中控系统厂商是当时圈里耳熟能详的厂商。不过,究其原因豪宅项目中丰富的音视频设备和灯光回路、遮阳需求等也使得需要有智能化控制设备来统一管理和智能调节。

正因如此,来自美国市场的各大中控品牌开始在中国市场落地发展,如快思聪、AMX、Control4、Savant 等。当然,其中一些的应用领域也不单单局限在家庭。随着中国经济的快速发展,大规模的基础设施建设中,会议系统、酒店智能灯光、大型公建项目都有着中控系统的广阔应用天地。

中控系统通过红外、RS232/485 等协议进行设备控制的同时,还具有强大音视频矩阵与传输能力,对灯光负载、中央空调、新风地暖、可视对讲、安防监控等系统有着强大的融合控制能力。时至今日,来自美国中控系统品牌相继进入中国市场,国产品牌经过技术沉淀也开始在这一细分市场崭露头角,而且针对应用领域已逐渐从影音房、全宅智能向客厅影院、平层住宅延伸，其应用价格也从动辄数十万向几万元即可实现基本控制需求过渡。

2) 智能灯控(总线)：由商业应用步入家庭市场

传统意义上，照明系统由光源、灯具和控制开关组成。在照明巨头向光源设备应用无线控制技术之前，我们所指的智能灯控主要针对控制开关设备的智能化应用，这一领域的主要厂商大多为专业照明控制与电工电气类厂家，包括照明控制领域的路创，电工电气类的罗格朗、ABB、施耐德等。同样也是国外品牌将智能化控制理念与相关设备引入国内，具体产品大多采用分布式总线方式。在功能应用上，也是以灯光控制、场景控制、亮度调节等为代表，随着光源设备的LED化，也开始衍生出更多的相关应用。

在过往的十年间，国内总线控制厂家也得到了快速发展，一大批企业开始关注家居与商业环境中的智能灯光控制。具体应用技术从冠以各种不同"BUS"的RS485到KNX、LonWorks、DALI等国际标准协议，可谓丰富多彩。同时，总线和无线的结合应用，也使得系统更趋灵活。

值得一提的是，正是由于早期在智能灯控领域的国际品牌，大多有着电工类厂家的背景，使得集成商在项目中对于开关面板和控制终端的选择也格外考究。这里所指的智能灯控不同于传统开关的控制方式，而是将开关面板由弱电线缆"手拉手"等布线方式连接，由弱电方式控制强电，同时可在弱电系统中接入各种传感器设备，由控制主机(网关设备)实现智能化协同。

3) 无线系统：智能中控与智能灯控的简版体现

将无线控制系统单列，主要考虑到除Wi-Fi直连以外的控制方式，大多需要有一个智能网关的存在。加之，433射频、zigbee、Z-Wave不同无线控制协议技术方式的特殊性，这一无线系统相对封闭，集成商和普通用户层面难以直接实现集成。

在功能实现上，无线智能家居系统可以在一定程度上视作智能中控与智能灯控的简版体现。原因在于对家电设备控制以红外线方式为主,灯光控制依赖于墙面无线智能面板、无线控制模块或智能灯泡、灯带,上述均为强电零火或单火线接入。

除此之外,结合各种传感器以及近年来发展提速的智能家电,无线系统在后装市场与小面积住宅、局部应用环境中还有着无可比拟的优势。值得一提的是,具体到控制方式,无线技术必然是混合组网的应用趋势,专业控制技术结合 Wi-Fi、蓝牙在智能终端、可穿戴、健康医疗设备的先天优势,加上 DLNA、AirPLAY 等音视频无线传输体验。在可以预见的未来,无线智能家居应用前景十分广阔。

4) 可视对讲: 抢占楼盘项目延伸智能应用

可视对讲又被称为楼宇对讲、可视门铃。国内可视对讲产品的发展是伴随着房地产商品化,作为楼盘项目的标配设备而存在。从最初的模拟非可视,到模拟可视、半数字、全数字系统,可视对讲也经历了不断的技术迭代。而其在家中的可视对讲室内机也为相关厂商延伸了家庭智能终端的想象空间,从 2008 年前后,国内一二线对讲机厂商纷纷将智能家居视作产业转型升级的新方向。从与无线控制厂家合作、到延伸自身无线、总线控制,甚至于电工面板产品线。这一切的目的都寄希望于可以通过房地产市场的精装标配推进智能家居的规模化应用。

5) 家庭安防: 配套技术发展突破应用空间

提及家庭安防是一个既是功能重要又略显应用尴尬的存在。近十年前,家庭安防的概念更多是在防盗报警和安防监控,很多产品也是带有浓郁的工程化与商业化特征。在别墅豪宅中对于安防需求可以直接用商业方案实现,但是面对普通住宅,功能定位为社区安防存在重复,且配套产品并不丰富。

近年来,随着基础网络与云平台技术的迅猛发展,质优价廉且主打沟通功能的家庭摄像监控产品层出不穷,同时各种烟雾、可燃气体、水浸、人体感应等传感器设备,以及智能猫眼、智能锁等配套设备不断丰富。在这背后,安防巨头企业寄希望于打开最后一块民用家庭潜力市场，互联网平台也希望与用户产生更多硬件连接。在集成项目应用中，家庭安防与系统的控制联动、云端推送也有了更深厚的技术积累。此外，生物识别、图像辨识等技术的发展也将为家庭安防的深入发展开创新的空间。

6) 背景音乐：家庭影音的集成定制应用

家庭背景音乐又被称作多房间音乐系统，在国内市场也历经了十多年的发展。从早期泾渭分明的主机型和单体机，到如今在网络化技术应用，使得两者的界限逐渐模糊。从早期过多关注于功能应用，到如今提倡回归音乐本身。不同于传统意义上的 HiFi 音响设备，家庭背景音乐更多与工程安装相结合，采用功放主机或单体机与吸顶音箱相结合。在音源接入上，早期国外产品多接入家庭 nas 或 aux 外接音源，国产化产品则更多为 U 盘/SD 卡等方式。伴随安卓系统和触屏产品应用，应用方式更加多样化，网络音源的接入也在一定程度上规避了音乐版权问题。在这一细分领域，更接地气的国产化产品相比进口产品发展更为迅猛，覆盖了更大范围的集成市场空间。

7) 第三方设备：融合控制需求凸显

电动窗帘、新风、地暖、中央空调等都被称为智能家居系统中的第三方设备，具体到集成应用可通过外接智能模块、协议控制、继电器控制等方式实现。智能控制为其融入整体系统、进行功能联动创造了条件，而其自身在智能系统以外也是可以独立应用。其实，被谷歌重金收购的 Nest，就是用于调节空调设备的温控器设备，它存在的意义在于为室温调节与节能找到无感的智能化实现方式。此外，电动窗帘与智能家居的集成更为直接和普遍，以及光线与环境的联动调节，不管是总线系统抑或无线系统中电动窗帘设备都开始成为必备选项应用。

● 智能家居有线系统与无线系统何去何从?

开放替代闭关,去中心化替代中心论

无论是有线智能家居系统还是无线系统,均存在如何满足与第三方产品或第三方系统的集成需求。智能家居是一个庞大的生态链,没有哪家能满足用户的所有需求,解决的途径无非是开放替代闭关,去中心化替代中心论。

集成商在别墅和大平层项目中青睐总线或总线与无线相结合的解决方案,从而弥补纯无线系统在稳定性方面的不足。不过,考虑到运营商一直在尝试发展的智能家居方向,无线系统则是最能满足运营商要求的产品系统。

对于产品的稳定性问题,不仅仅是无线,总线也有同样的问题,这是产品品质的一部分。与无线或总线没有特别大的关联,只是无线的产品应用环境相对不确定,才有无线的不如总线的稳定之说。

构建无线智能家居混合组网方式

目前,轻智能、智能单品主流都是用的 Wi-Fi 技术,主要原因是这个技术已经非常成熟、简单易用,而智能单品的功能也非常简单,不需要复杂的联动控制,所以比较匹配。加之 Wi-Fi 已经是所有电子产品的标配,智能单品用 Wi-Fi 很容易连接到手机、电脑等电子产品,威易推出的智能单品也是主用 Wi-Fi 技术的。

不过,如果多个智能单品要组建一个网络的时候,Wi-Fi 技术就有缺陷了:家庭用的 Wi-Fi 模块是不支持信号路由传递的,AP 的桥接模式效果差,信号传不远,不能组大网。Wi-Fi 的功耗大,即便是低功耗 Wi-Fi 的功率也是 zigbee 功率的 3~5 倍,这样大的功耗是不适合电池供电的,这让一些无线安防、传感设备

无法使用 Wi-Fi。家里如果有大量的 Wi-Fi 节点，辐射会非常大，很可能影响身体健康。而 zigbee 恰好能解决以上 Wi-Fi 的缺点，zigbee 是微蜂窝的组网方式，支持信号路由传递，可以组大网，它就像一个微型的 3G 网络。功耗低，功率只有 Wi-Fi 的十分之一，普通 2 节五号电池供电的设备一般可以工作一年以上，这样使用电池供电的无线安防、传感设备使用 zigbee 会非常合适。节能环保，辐射非常小，对身体基本上没有影响。现阶段，无线智能家居的最佳组网方式是 Wi-Fi + zigbee + 蓝牙混合组网，以 Wi-Fi + zigbee 为主，如音箱、医疗设备的其他设备可以辅以蓝牙。

无线智能家居解决市场细分需求

轻智能化智能家居产品让智能家居更加贴近大众消费者市场，无论是价格还是使用的简易度都让消费者更加容易接受，并且可以结合电商的优势以最优的成本扩大推广的范围。不过，目前市面上的产品功能和种类还非常少，产品的稳定性和实用性也有待市场的验证，而且目前的产品对消费者来说只是锦上添花，并不能真正建立消费者的使用习惯。

传统的无线智能家居产品的出现也是为了解决市场的细分需求，让消费者更容易接受和使用，但这么多年从技术开发到市场推广和拓展上都遇到了很大的问题。拥有巨量的客户资源和巨大推广效应的运营商渠道一直都是智能家居厂商希望挖掘的宝藏，可以让企业的品牌和销售得到迅速提升。智能厂商应当更好地了解运营商的真正需求，并结合市场实际开发相关的产品。

定位各异的有线与无线智能家居应用

不论是有线智能家居还是无线智能家居产品，从生产企业的角度出发，每个产品或者系统搭建，都有特定的目标市场定位与需求满足。集成商通过自己的从业经验，不断完善或者集成多个厂家产品特点设计并提供相关服务，满足用户需求。但关键在于集成商是否可以解决"用户满意度",如果总线制产品从研发到生产定位主要是"楼宇控制或者音视频控制",那么把这些产品按"功能实现"的意图应用于大多数空间势必会造成不适应,或者无法满足同样空间不同用户的使用需求。

总线产品更适用于更大空间、楼宇或大型项目、需要集中管理与中央控制的空间。在经历多产品运营,以及提供最优化方案后,我们更倾向于向家庭用户建议无线产品。同时注重用户投入与预期,后期用户是否可以进行功能升级,是否可以自行解决部分智能化应用中出现的问题。以往通过技术人员电脑编程实现假定的智能化功能,在某种程度上并不能满足"智能化对简单、人性化的基本要求",也远没有我们想像得智能。如果不顾用户投入,封闭式的设计一套总线系统,不如建议客户购买部分知名品牌的智能单品,如稳定的远程监控、高保真(HiFi)音质的简易音乐系统、可根据习惯自行调节的温度控制、高品质的机械面板或无线智能开关等。

系统化产品关注兼容性与实用性

很多集成商在设计相关方案时,往往因为客户的一些个性需求而烦恼不已,毕竟太过个性化的东西注定无法量产,集成商往往会寻求兼容性好,能随心所欲个性化的系统和方案。除了一些专业客户,我们也惊喜地发现,越来越多的普通消费者对智能家居已有了很深的认识,他们不再满足于简单的体验,而是很多时候动手去 DIY 自己家庭的智能家居,因此顺应这一部分客户的需求,一些垂直电商业务应运而生。通过这样的平台,消费者越来越方便地了解智能家居产品的功能和服务,也更容易获得最新智能产品讯息。

与总线系统应用相对应,无线智能家居厂家尚难以在碎片化的集成市场彰显优势,在轻智能浪潮中也受到无线产品单价走低的影响。对于智能家居市场的无线老兵,尝试规模化工程配套、为大牌伙伴提供贴牌产品、发挥生产制造优势都不失为短期内的良策。

● 智能家居的系统集成与互联互通

智能家居自动化的优点在于可以在一个标准平台上控制所有的电子设备，但是系统控制设备的难易程度要取决于系统本身开放的程度。更加开放的系统，可以更容易地添加灯控、温控、影音、安防、自动窗帘和其他智能电子设备，并且设备间可以自由交流。体现互操作性的例子如：灯关上了，温控器就自动关闭空调设备；在面板上点击"离家"模式，运动感应器就会感知到用户已经离开房间，安保监控系统开启。

智能单品间进行的相互交流有两种路径。第一种就是智能家居系统厂商本身与单品制造商之间达成伙伴协议，以保证他们系统中的产品之间会实现无缝对接交流，这就是我们常说的"小生态圈"模式。第二种就是通过搭建协调各个厂商之间的技术标准来进行互联互通的操作，这便是"大生态圈"。

如今，不同品牌的制造商之间的一些标准已经形成，对于消费者而言是个福利，这意味着用户将单品融入自家系统中的选择更加宽泛。这种标准的逐渐开放是集成商们最期待的，他们可以更好地选择更适合的产品提供给客户。

中控系统技术积累完成集成互联

不管是单户智能家居，还是开发商项目，都会涉及可视对讲、安防报警、周围防范、CCTV、空调、新风、地热、灯光、窗帘、综合布线等子系统。以智能中控、总线灯控等为代表的集成产品，其真正的出发点是定位一个基础设施提供者，成为智能家居的基础设施，就像家里要有热水炉和配电箱。集成产品定位于给消费者提供基础设施，打造家居生活智能化体验。在这个平台上，专业厂商会和更多的第三方设备去对接，实现更多产品的互联互通。

不同厂家的每款中控主机提供了不同数量的多样式控制接口,其中主要包括:红外 IR 接口可以控制各类型基于红外控制方式的应用设备;多功能串口,RS232、RS485 控制,为投影机、空调、家庭影院、其他第三方设备提供通信控制;继电器端口、IO 端口对窗帘、遮阳帘、门阀、电子锁、门禁等环境设备进行控制。数字输入接口用于对温湿度传感器、动作传感器等感应器进行接入。网络接口除了可以对网络设备进行控制外,还可以对同一个网络中的多台主机进行集连。自身总线接口,可与内部产品如灯光模块及按键面板灯进行对接。除此之外,网络扩展口及网络带 POE 供电扩展口等,可以通过网络的方式进行扩展,打破了扩展距离及扩展设备数量的限制,同时增加了设备的稳定性。

生态圈携手合作互联互通

在互联网企业掀起的热潮带动下,智能家居产品的硬件创新渐入佳境。近两年来,智能路由器、智能监控摄像头、智能空气监测仪、智能插座等新概念产品层出不穷。但这些产品之间存在互联互通的问题,用户如果同时拥有多个设备的话就需要在手机里面安装多个 APP,而且也仅仅能实现远程操控等功能,在应用体验上并不算特别智能。目前,智能家居市场还处于"混战"阶段,传统家电企业、智能硬件方案厂商、网络设备厂商、操作系统厂商和互联网厂商都在参与竞争。面对智能家居如此庞大的市场,无论是互联网公司还是硬件厂商,都不可能封闭的单打独斗。

放眼智能家居领域的生态圈可谓山头林立,家电巨头、互联网企业、手机厂商、照明大鳄等,无论是初涉智能家居,或是战略方向调整,无一例外都会将所有的立足点上升到生态圈的高度。从目前整个市场的现状来看,生态是什么? 生态是绿色,是共生共鸣。不管是海尔、美的、微信,还是京东智能、阿里智能,这些大树生长起来以前,不允许旁边有许多其他生态模式。生态圈目前并不是健康的生态,这其中存在几个布局的品牌:围绕以人为中心的布局是传统控制、互联网平台、智能家电和智能硬件。

事实上，智能家居复杂的多系统属性，是任何一家厂家都无法做全的。抱团取暖，避免重复建设和同质化竞争也不失为一个明智的选择。更为重要的是，在控制功能以外，更多企业更为关注的是后期延伸的服务价值，而落地服务绝不是制造企业的基因可以去实现的。

作为国内规模最大的智能家居行业组织，中国智能家居产业联盟(CSHIA)，在 2015 年初联合三十余家成员企业正式发布 VillaKit 平台，兼容联盟企业产品、形成标准化集成与调试方案，能够实现统一的家庭本地控制平台、语音控制和习惯学习。在 VillaKit1.0 阶段，联盟内设备商向联盟开放私有协议，并由联盟内中控设备商开发出设备管理软件。此举旨在面向别墅智能化研发的产品集成平台，定位于满足高端集成项目标准化需求。在 VillaKit1.0 技术基础上，VillaKit2.0 开始向无线扩展，解决布线问题，可以接入更多传感器与生活电器产品。网络数据可以同步接口标准，同时延伸机器人云服务扩展应用，强化语音交互与语义控制，关联场景。

然而各种生态圈合作，也多为在新的维度上的尝试。我们看到对于智能家居，传统企业按互联网的标准都没有成功，互联网企业现在也没有成功。智能家居不是一个行业，它是一个产业。现在智能家居已经进入完全所谓跨界的合作，包括内容、智能硬件、自动控制。智能家居投资非常热，产业机会似乎有很多，其实离最终用户的距离还是有点远。不管是所谓的传统企业还是所谓的互联网企业，都是在一个学习和试错的过程。通过资源整合与跨界合作，最终能够找到一个现在都没找到的全新切入点。

对于生态圈的联接，现阶段每家家电企业的数据还属于自身，只不过在融合时，可能会有一些互通。数据能发挥的作用是有限的，但是将来如果设备多了，都连上网的话，可以绘制出用户的生活习惯，那时候才会产生真正的价值。

云端互联拓展全新竞争领域

以云平台为支撑的计算基础设施带来的更多海量数据，为解决这些问题奠定了基础，将成为推动智能家居应用更智能化的新动力。云计算的服务弹性，可以很好地解决人与物的链接与通信问题、家庭服务费用问题。通过云计算整合一切可以整合的计算资源、存储资源，来共同处理智能家居业务的请求，并通过按需使用方式灵活扩展相应的计算、存储资源，联合物联网资源，作为智能家居领域的重要支撑平台。

智能家居系统有别于传统互联网应用，在单机上进行垂直性能扩展，从而满足智能家居系统发展的需求，挑战非常大，而且成本也非常高。当大多数智能家居系统都利用分布式云端系统进行场景运算和学习时，智能家居才能真正实现用户的无感操作，摆脱对于 APP 的限制。因此，未来智能家居企业的竞争，大多数都是"云上"的竞争，比拼的是云端和软件服务能力。

云端互联的雏形可以追溯到 IFTTT，这一新生的网络服务平台，通过不同其他平台的条件来决定是否执行下一条命令。即对网络服务通过其他网络服务做出反应。IFTTT 得名为其口号"if this then that"。其原理基于任务的条件触发，类似编程语言，即："若 XXX 进行 YYY 行为，执行 ZZZ。"值得关注的是，IFTTT 已经和 Nest、SmartThings、Philips Hue、Belkin WeMo、霍尼韦尔、大金、LG 等品牌合作，用户购买这些品牌产品，就可以享受到 IFTTT 服务。通过网络发生连锁反应，让用户远离 APP，不必完全依赖手机，就可以通过插座控制电视、电灯控制空调，形成一套完整的互动。而触发设备动作的条件也不再仅仅是传感器和其他本地设定，运动手环、天气预报、喜欢的球队是否赢球都可以成为关联条件，是不是有种脑洞大开的感觉？

IFTTT 物联网平台是开放的，所以允许不同品牌的产品加入进来，实现互联互通。IFTTT 若单从智能控制解读，它是一套简单且逻辑性较强的指令。将开发的乐趣和主动权回归到用户手中。当你回到家时，系统判定会自动为您打开台灯，开启电视，并根据天气情况打开窗户或启动空气净化设备；到了晚上，灯光亮度会自动变暗，提醒您应该按时休息，真正智能化设备不需要通过信息推送告知，完全由体感判定下一步内容。

IFTTT并不局限于智能家居产品，还涉及未来智能穿戴、智能电器等。其大数据也是一大优势，有人说通过API授权连接彼此、自动触发互联网事件已经够让人着迷，而把这种因条件而自动触发的连续效应放到物理世界里，会给用户无限参与的想象空间。

智能家居领域的厂商希望通过合作让产品获取更大的价值，满足更丰富的用户需求；用户希望通过统一控制、交互操作，获得更便捷、自如的使用体验。在国内市场阿里智能、京东微联等具有电商基因的平台力量也着力于云端互联的联接与落地工作。

阿里智能推出了统一的通信协议——Alink，YunOS for Home在为众多国产家电品牌提供智能化解决方案的同时，阿里也在开展智能家用电子系统业务能力、平台架构、开放接口、互联互通和安全等方面的标准制定工作。与此同时，两者也在依托各自电商平台优势和智能生态资源，为智能产品提供市场销售平台。

京东"微联"APP在实现智能设备的统一管理控制、实现跨品牌、跨品类的互联互通、大数据的集中管理的同时，实现了智能场景化、开放服务，可对接O2O服务商。微联将为传统硬件厂商提供一站式智能解决方案，从芯片模组技术、智能云技术服务、大数据分析、开放平台到增值服务等。

以用户价值为中心构建互联体系

真正的连接是以用户价值为中心的需求互联，而不是简单的技术互联和场景互联。现阶段，在市场模糊期的过程中，智能家居行业做技术的人太多，没有做好用户调研。需要怎样的连接要做很长的市场调研,在这基础上形成的云端、芯片的连接才是真正有价值的。

云端、芯片(模块)、系统的连接方式将会聚焦细分市场。不会存在只有一种连接,这 3 种方式很长时间会一直存在。在这种连接方式过程中,它们会找到自己的细分市场。未来集成市场会越做越大,越走越广,甚至会包容到其他产品的销售中,集成服务的力量会越来越强大。

互联的价值会在 B 端市场率先体现。很多智能家居工程商都没有对房地产市场有很多了解。做 B 端服务一定是个大的场景,可以在很多地区建立内部的营销,产生用户的停留率。在区域市场上,智能家居集成商活下去比做大做强更重要。

生态企业将在并购的过程中有限开放。现在的 BAT 企业在整个家庭布局完成以后,基于社交、搜索和沟通的流量全部获取完之后,BAT 在最近 3 年会不停地并购新出现的流量入口。生态企业在接下来的发展过程中会非常痛苦,生态当中有各种各样的不同属性的事物共同生长,在这一基础上需要有包容的心态,同时要有整合的心态。

第3章 应用篇：智能家居的"系统分工"

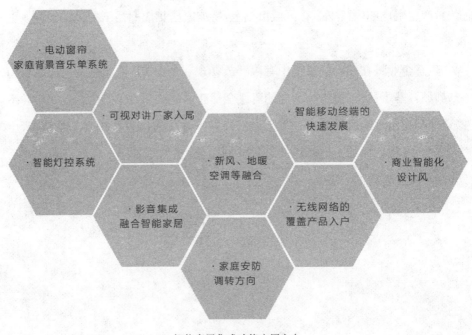

·电动窗帘
家庭背景音乐单系统

·可视对讲厂家入局

·智能移动终端的
快速发展

·智能灯控系统

·新风、地暖
空调等融合

·商业智能化
设计风

·影音集成
融合智能家居

·无线网络的
覆盖产品入户

·家庭安防
调转方向

智能家居集成功能应用方向

● 家庭安防与系统联动

在智能家居功能应用中，对于安全性的需求是首当其冲的。然而，在具有中国特色的小区式居住形式中，家庭安防的功能应用一定程度上被小区基础安防与楼宇对讲等基本应用取代。此外，在别墅为代表的大面积豪宅应用中，安防系统往往具有一定的商用化弱电系统的特征。

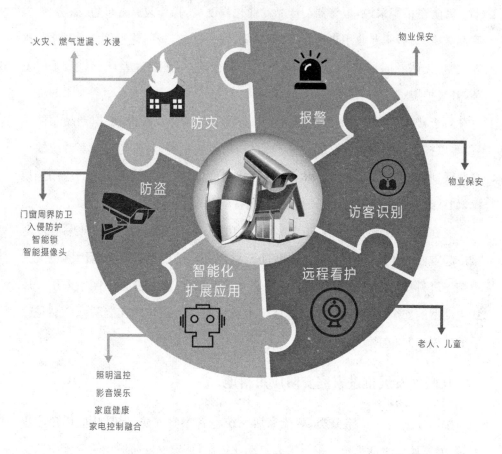

火灾、燃气泄漏、水浸

物业保安

防灾

报警

防盗

访客识别

门窗周界防卫
入侵防护
智能锁
智能摄像头

物业保安

智能化
扩展应用

远程看护

老人、儿童

照明温控
影音娱乐
家庭健康
家电控制融合

家庭安防功能

从广义上来看，家庭安防集中了防盗、防灾、报警、访客识别、远程看护，以及智能化扩展应用。具体来说，涵盖了门窗周界防卫、入侵防护；火灾、燃气泄漏、水浸等防护；紧急情况下求助物业保安等；访客、快递员识别；老人、儿童远程看护；与照明温控、影音娱乐、家庭健康、家电控制融合等。

就视频监控而言，"商为民用"，专业化程度不够：商用产品外形简陋，隐蔽性和周围环境协调性差；家庭应用，更关注细节："老人看护""宠物看护"，失之毫厘，差之千里；家庭监控，没有隐私保护，一旦被攻破，一览无余。

就防盗报警来说，报警器类产品专业化程度高，操作复杂：布防、撤防、配置等都需要密码，非专业用户不好用，不愿用；联动性差，智能化程度大大减弱：报警发生，无法及时通知；通知用户，无法联动视频；可维护性差，节点多，系统复杂，升级扩展难。

对于楼盘项目中标配的可视对讲，全数字产品普及缓慢，模拟产品功能单一，难以扩展；集成化程度低，对讲与监控、对讲与报警、对讲与门禁等系统缺少必要联动，未能将资源利用最大化；智能化程度低，在数字技术层面的应用未挖掘，如系统自动诊断、数据自动处理、数据智能共享。

家庭住宅安全防范设施和产品本身的功能、质量、价格和使用的难易程度对推广起重要的作用，同时人们的自我防范意识和传统的防盗观念等因素也大大影响先进科技的安全防范产品的应用和发展。因此，在智能化小区中采用开放式主动型的安全防范措施，在家庭住宅中选择具有智能化的安全防范产品是今后的发展方向和主流。

互联网发展推进家庭安防应用落地

按照安防行业严格分类，智能家居系统包含家庭安防，但是从应用角度出发，智能家居以生活为核心偏重家庭自动化控制，而家庭安防应用主要围绕监控和报警两大分类。虽然两者在应用技术上有所不同，但是"云"概念又让两者紧密相连。

在家庭安防系统中，云概念主要表现在监控报警和存储管理上。家庭监控系统主要依靠网络，厂商提供网络监控摄像机与服务平台对接，实现联动体系，经用户对家庭安防的授权管理，可由第三方平台提供实时监控录像。

对于监控录像也由厂商代为管理，根据需求会与用户签订保密协议，保证视频录像不外泄。针对用户来说，这种以第三方代为管理其实节省了家里购买监控硬件设备和维护的费用，同时由专业团队打造的网络监控不受时间和地点限制，用户享受多方式实时监控，网速不是问题，安全更不是问题。

现阶段，在互联网浪潮的影响下，家庭安防类产品摆脱了传统防盗报警产品工程化与安防监控产品专业化的束缚。在云平台技术的支撑下，开始以全新的形象和亲民的价格出现在我们面前。在此轮家庭安防快速发展的过程中，出现了以 360、百度、小米等为代表的互联网企业，推出了水滴、小度 i 耳目、小蚁等网络摄像头产品。同时，海康威视、浙江大华等传统安防企业也顺势发布了萤石、乐橙为代表的民用安防品牌产品。值得一提的是，在此过程中此类产品的主打应用已经从单纯的家庭安防过渡到沟通、直播、看护等应用需求。

传感器应用、移动监测、云端存储、报警信息推送、夜视、高清、Wi-Fi 连接、APP 应用等均成了此类产品的应用特点，部分产品在得到用户层面的认可后，相应的产品线也在不断丰富。以海康威视旗下萤石为例，相关产品已覆盖摄像机、传感器、报警盒子、运动相机、硬盘录像机、路由器、视频盒子和配件等。

除此之外，智能门磁、传感器、智能猫眼与智能锁也同样成为家庭安防应用中的重要产品应用方向。通过线下渠道与电商平台，广大普通销售者也可以更为便捷的方式购置相关产品。

智能锁产品的快速应用

智能锁产品在国内市场的应用始于 20 世纪 90 年代，1993 年起中国企业开始研发电子智能锁，最早的应用领域集中于酒店，以磁卡应用为代表。智能锁真正走进家庭，则是在 2000 年以后开始走向零售市场。在 2000—2005 年的 5 年间，部分厂家开始对智能锁产品投入精力，但是由于当时的产品技术限制，诸如指纹读取、嵌入式程序及单片机技术等都尚不成熟，直接导致了产品的不稳定。

概括说来 2000 年以前，智能锁市场还处于初始阶段，仅仅是除了钥匙以外的另一种开门方式。这一阶段，可以视作智能锁在国内研发探索阶段。对国内生产厂家而言，需要考量的因素太多。国外的智能锁日趋完善，作为一个新兴的行业，选择正确的发展方向很重要。

五金机械锁厂商、酒店锁厂商，以及相关安防企业成为智能锁市场的主力军，从 2006—2010 年间，更多的企业先后进入这一细分市场，并开始大力研发制造智能锁。发展至 2010 年左右，智能锁基本上从技术、功能逐渐趋于成熟，销量逐渐增长。2005—2008 年，智能锁市场进入教育阶段。各个生产厂家进行智能锁的安全性和便捷性的深入研讨。成功地引导了市场，智能锁要比机械锁更为安全的概念开始体现，并且在安全性和便捷性上做出了不懈的努力。

从 2010—2015 年期间，智能锁市场开始进入快速提升期。在此期间，尽管产品日渐成熟，但是成本仍然比较高。另一方面，厂家的投入也很大，加之市场基数很低，企业利润并不是很好，智能锁在市场上的价格始终居高不下。可喜的是，各个生产厂家在产品的外观精致性和功能差异化的方面做了深入的研究，工业化的设计步入正轨。各项差异化的功能层出不穷。在 2015 年之前，智能锁产品的零售价基本在三千元以上，部分品牌可以达到四千元以上，当然，当时厂家的出厂价也比较高。

随着创新型企业进入智能锁领域，从 2016 年开始，很多智能家居品牌也延伸到这一领域。互联网品牌成为一种运作新模式，尽管还不是完全硬件免费，但是做到了去中间化，去掉了传统经销渠道的一些中间商，因此在价格上有所下降。这些企业进入智能锁市场，会加速行业的普及，对传统企业的产业链体系造成冲击。随着技术和生产门槛进一步降低，各个生产厂家成本压缩，市场挤压，利润降低，出现大竞争现象。

就 2016 年而言，智能锁市场的容量约为 600 万套。其中，国产约 550 万套，纯进口约 50 万套。市场分布方面，工程项目应用约占 250 万套，流通渠道销售约占 350 万套。全国范围内约有 500 家智能锁生产厂家，当中包括组装厂，所涉品牌近千个，销量较大的品牌约占市场的 2％～5％，中等占 1％左右，小品牌占据零星市场。

据粗略统计，目前国内大概有近千个品牌的智能锁在市场流通，其中不乏因风云际会而昙花一现的品牌。这个现状说明了几个问题，国内智能锁行业的配套能力整体提升，智能锁行业准入门槛降低，智能锁行业技术趋向于成熟，销量持续性地迅猛增长。此外，还有国际制锁巨头连续收购中国企业的因素。相关利好所带来的积极影响在于：促进国内智能锁业的标准推出；将高科技的智能锁打落神坛，变得亲民化；迫使制锁企业重新审视市场，去除伪科技，从实际出发打造精品；推动智能锁新科技的研发；推动智能锁外销，扩大智能锁产品出口。市场化大竞争的结果终将趋于稳定，符合"28 原则"，即 20％的品牌占领 80％的市场份额。这个 20％的品牌应该在十家左右。

此外，智能锁还存在庞大的 B 端市场，像公寓和酒店这些，目前在 B 端市场，智能锁的发展非常迅速，智能锁可以为这些 B 端厂商解决管理上的便利。

家庭安防中的集成应用

摄像头、报警传感器与智能锁可以被整合到整个智能家居系统或家庭安防子系统中，当用户想制订所有智能设备的安全规则或者活动时，用户可以一起同步实施，非常方便。一句"晚安"就可以关掉屋子里所有的灯，同时启动所有的安保系统，这也保证了入户大门的锁确实已锁好。

在智能家居集成项目中，家庭安防更大的作用发挥在于通过总线或者无线方式，将各种探测器接入到安防报警主机和中控主机。触发后，由主机逻辑判断拨打报警电话，或者联动其他系统。

目前较为主流的安防系统与中控系统的通信方式为 IO 输出方式。在安防触发后，发出一个 IO 信号给到中控系统，再进行相关处理。通过 232 协议通信方式,可以更加多样化地集成安防系统。通过中控界面布撤防,实时观察各个探测器的状态,报警后可以准确知道是哪个探测器被触发。

对于家庭安防系统的集成应用,其最大的优势在于安防系统与智能主系统互联互通,并更加灵活可靠。在智能控制终端实时显示安防状态,使用者一目了然,可以快速了解安防情况。中控系统可以利用各种安防摄像头给出的指令,控制家中的任意被控设备,如门窗电机、灯光、背景音乐、摄像机预置位等,这样也就无须再搭建安防扩展模块,从而降低成本。

安防系统的报警输出(IO 或者 232)可以联动灯光系统、电动窗帘、背景音乐、门禁系统、金属外遮阳、监控系统,等等。通过搭配继电器扩展模块,在报警的同时开启灯光警示、联动摄像机预置位跟踪摄像等。当然,也可以从而脱离中控系统自成灯光、电机、窗门等设备的关联动作。通过安防主机逻辑处理功能,可以设置行为布撤防。按先后顺序触发不同摄像头,可以实现布防、撤防、胁迫撤防等功能。

实际应用过程中,安防系统误报在所难免,其原因主要来源于环境因素。特别在室外环境下容易受到动植物、温度、风雨等因素的影响。为了避免过多的误报,可以采用主动式语音驱赶和被动式触发报警方式相结合。在周界设置主动式语音驱赶防区,此时若被触发并不会直接拨打报警电话,而是通过室外的扬声器播放驱赶语音。这样既可以起到威慑作用,又不用担心被报警电话骚扰。只有在有人闯入内层防御时,才会真正报警,并联动灯光或其他设备。

具体到设备集成与应用,模拟摄像机通过同轴视频电缆将视频图像传输到控制主机,控制主机再将视频信号分配到各监视器及录像设备,同时可将需要传输的语音信号同步录入到录像机内。网络数字摄像机通过网络将视频图像传输到控制主机,控制主机再将视频信号分配到各监视器及录像设备,同时可将需要传输的语音信号同步录入到录像机内。模拟与网络数字监控系统的整合，针对不同环境下的监控需求，如对夜视效果要求较高的环境下，模拟摄像机较为合适；而针对视频画面清晰度要求较高的环境下，网络数字摄像机更为合适。

可视对讲与智能系统集成应用

针对国内市场，可视对讲与智能家居的融合历程由来已久。不少可视对讲厂商都对推进智能家居的规模化市场应用与探索新市场模式投入了巨大的关注力度。然而，在越来越多的实际项目中，可视对讲与智能家居的功能集成确实也是广大集成商需要面对的现实课题。随着智能家居集成市场的不断深化发展，在高端项目中可视对讲与智能家居的集成需求愈发凸显。在此趋势下，如何选择更为合适的可视对讲产品，从而增进智能家居集成系统的功能应用，满足终端业主实际需求，逐渐成为越来越多的集成商朋友寻觅的新方向。

现阶段在处理平层或别墅项目的可视对讲系统集成时，往往都会遇到与小区配套对讲系统的集成问题。这主要是由于可视对讲产品的销售模式主要针对开发商与弱电工程商，最终业主无法对具体的品牌和产品做出选择。这也在无形中为后期的智能化系统集成带来了一定的挑战。

目前业内主要的可视对讲（独户）集成智能家居系统方案，在小区平层项目中，一般不建议业主集成现有的小区对讲系统。有一定技术能力的集成商可以针对某些产品做到新产品与老系统在通信功能上的整合，但考虑到集成成本后期的稳定性并不主推这一实现方式。对于别墅项目大多保留原有对讲系统，移机至其他区域，仅将其作为与物业通信的工具，另外安装一套独户系统。在功能集成方面，独户模拟系统可以接入视频矩阵，实现在电视端的音视频信号推送。数字对讲系统可以通过数模转换后接入中控系统，或厂家开放代码，在室内机实现场景联动，但有一定集成难度，并未被大规模应用。除此之外，还可以直接选用国外中控厂家的配套门口机，或选用采用标准 SIP 协议的相关产品接入中控系统。然而，就国内对讲企业而言，此类需求也并非主流，更多的独户对讲产品也主要针对功能需求相对简单的海外市场。

针对项目实际设计、施工过程中，对于对讲系统与智能家居的整合，不少集成商也都各有些小技巧，但也存在一些无法实现完美集成方案的遗憾。在这条集成道路上，厂家和集成商也在不断地探索。

智能灯光与场景控制

场景化应用下的智能灯控

大部分的用户都只觉得家里的灯只需要开关或者调整明暗，而不是将灯控系统设计融入家庭氛围、活动等的一部分。让智能灯成为家庭不可或缺的元素，而这些正是智能灯控系统应该完成的事情，它不仅可以打开屋里或者院子里的灯，也可以将灯光调暗使光线融入家庭气氛中来。

照明控制系统最基本的功能就是场景应用，根据用户的需求控制场景或者架设场景来实现区域照明。自定义房间内的日常使用模式，当场景需要激活时会一键按照用户预设实现命令，从而简化用户的日常工作。场景控制的使用非常普遍，而且需要对灯控系统做专业化的计划设计，一些场景应用还需要用户具有一定的创造想象力。在智能家居系统中来构建场景的另外一个好处是用户可以联动其他设置，如温控设置、安全系统或者家庭影音来与灯光系统同步。

场景的触发可以通过触控屏、平板电脑、智能手机、手持遥控器或者壁挂式键盘来控制。带有标记或者名称的按键相对应最好，用户只需要按一下就行，不用知道它们的内部工作原理。实现灯光场景应用的一个关键因素是要将家里的灯都整合到一个中央控制系统中，不论是以有线的还是无线的方式整合到一起，都可以通过简单的指令操作不同房间或者不同路线中的多个灯。

让我们来认识几种常见且实用的智能灯控场景应用：

● 清晨：如果是 5：30 分天还没亮起床，人们都不期望自己家的灯一下全都打开来刺激刚刚睡醒的自己，智能灯控场景可以设置慢慢地调亮灯光，能让用户减少不少的"起床压力"。起床模式还会自动打开盥洗室的灯光和关闭屋外的灯光，用户还能设置自动打开电视机并调至自己喜欢的频道播放新闻，也能设置屋内的背景音乐系统播放自己喜欢的音乐。

● 就寝：常见的晚安场景建设，睡觉前关闭屋内的全部灯光。用户和智能家居系统可以协调决定哪些灯要关、哪些灯要保留或者使光线变暗一些。如用户可以开着走廊的灯或者楼梯的灯，或者使厕所的灯光变暗一些，以免如厕时灯光耀眼或看不见。用户还能将夜晚场景和智能温控器结合起来，自动调整睡眠时候的温度。

● 晚餐：在晚餐时·设置将屋内灯光全部打开或者只开厨房和餐室的灯，当孩子们在楼上看电视时，不想用大嗓门喊他们吃饭，只需要设置灯光闪烁，孩子们就知道吃饭时间到了。

● 聚会：娱乐方式多种多样，如聚会模式，用户可以设置将家里的灯都调整到合适的亮度，尤其要调暗摆放食品柜台的灯光，不太亮的灯光正好可以掩饰屋内的灰尘和柜台上擦的不太干净的地方，以提升主人的形象。用户还能设置将宴会食品提供的地方照得更亮一些，以便宾客们容易找到餐食。

● 观影：周五晚上和家人看电影，可以设置一键能将家庭影院屏幕分散的灯都关上，然后在冰箱附近留一盏小灯以便家人寻找零食。

● 假期：用户可以模仿家里依然有人，将灯光按时开启和熄灭，这样可以减少被偷的可能性，而且可以将温控器关闭同时设置加强屋内的安保系统。

还有很多种场景应用，如书房读书模式、客厅玩游戏模式，关键取决于用户的需求和创造力。

巨头策动下的智能照明技术发展

飞利浦（Philips）公司 2012 年通过苹果零售店推出一款被称为"世界上最聪明的 LED 灯泡"的产品——Philips Hue。具备 LED 调光、Wi-Fi 无线控制、智能化场景以及 APP 应用的 Philips Hue 令大家眼前一亮。相比智能家居领域一直以来由智能开关为主的灯控系统，此番照明巨头涉足智能灯控，或许将进一步促进家庭智能灯控的单体化发展，也将大大促进广大消费终端对于智能灯控的认知。初始售价仅 199 美元的 Philips Hue 套装，更将大大刺激现如今价格不菲的智能灯控产品，Philips Hue 也在随后不久进入中国市场，并相继发布便携魔灯、无线控制器与二代桥接器等产品。

Philips Hue 可以通过桥接的方式连接到家里的路由器从而让您可以对照明进行更为个性化的控制。并可以提供"深浅不同的白色色调，从暖色调至冷色调"，同时还有经过预编程设置好的超过 1 600 万种颜色选择。对于那些家里已经定制光源系统的用户，Philips Hue 所采用的开放式 zigbee 标准能让其直接兼容原有系统。Philips Hue 对于传统照明的颠覆已超出了语言描述的范畴。一直以来智能照明总与智能家居联系紧密，但来自价格、稳定性、实用性方面的干扰因素又总使其在系统中处于尴尬的境地。轻量级单体系统、LED 调光、ZLL 技术应用与便捷的 APP 操作，Philips Hue 的推出是从照明厂商角度为我们带来了对于家庭智能化照明的新思考。

飞利浦并非是第一家在灯泡中整合色温变化能力的厂商，通用电气的C Sleep 也具备相同的能力。在 iOS 9.3 中，苹果所加入的 Night Shift 功能也能改变屏幕的色温，而飞利浦之前的 Philips Hue 系列灯泡也同样可以变色，但仅限于彩色型号。

早在 2013 年，互联照明联盟（The Connected Lighting Alliance）宣布其签署 zigbee Light Link 作为家居互联照明应用的首选共同开放标准，以使照明公司和消费者的选择更加简单。所谓互联照明联盟，由 GE 照明、路创、欧司朗、松下、飞利浦和东芝 6 家全球领先照明企业在 2012 年 8 月 30 日宣布成立,旨在推动和鼓励开发开放标准无线照明解决方案。作为由照明行业领导企业共同组建的非营利组织,互联照明联盟支持公开标准,并致力于在全球范围内推广、促进无线照明解决方案及应用。

采用 zigbee Light Link,消费者可以使用不同厂商的系统来无线地控制和使用他们的 LED 灯具、灯泡、时钟、遥控器和开关。目前,已有一些公司提供面向家居市场的无线照明产品,但这些产品大部分并不基于公共的、可互操作的标准,这使得消费者非常困惑如何选择既能满足他们的需求,又适合他们家中灯具的照明系统。

家庭无线照明正在成为市场主流,而照明行业领导企业的广泛支持将成为这一进程上的重大里程碑。市场上可以互操作的无线照明产品的种类将大大增加,照明企业和消费者对产品或技术的选择也更加容易。

集成项目中灯光场景营造

传统灯光的开关控制设备是指控制照明电路的通断,亦即控制灯具的点燃和熄灭。而智能灯光的开关控制,则是通过将灯光接入执行器,然后由弱电智能面板或手持移动终端控制执行器来驱动被控电器。这种方式便于集中式管理、日后的维护,也更加安全可靠。

我们需要注意的是针对不同类型的灯具或者电器,配以不同控制方式。如感性负载(带变压器灯具、日光灯、节能灯等)与阻性负载(白炽灯、高压卤素灯等)。除了总线灯光控制方式外,市场中常见的还有本地继电器控制方式。调光控制通常是改变通过灯具的电流或电压的大小,以调节灯具的发光亮度。智能调光常用方式有:针对白炽灯调光、日光灯调光或 LED 灯 0～10 V 调光等。通过 RGB 三基色调光模块,可以实现对灯光色彩的变化,达到渲染气氛作用。结合到装饰中,其作用是显而易见的。

由不同回路的灯光,可以组合不同的灯光场景,以适应不同的生活需求。而通过延时、传感器触发条件来控制不同场景,更能够给人以舒适方便的光源享受。如餐厅、过道以及房间的关联、电梯间等。通过一键式关闭全房灯光;延时关闭过道灯光等,也是环保节能的体现。

移动传感器,针对在探测范围内移动物体做出判断,输出有 IO 信号,或者有的探测器自带逻辑处理能力,可以以总线或无线方式将信号传输到中控主机,用于开灯、窗帘、调用场景等设备。

灯光作为智能系统中的基本组成部分,在与其他系统的集成上具有很多优点。例如：安防触发后联动灯光、灯光与监控摄像机补光效果的联动、灯光与窗帘的恒照度联动等。

● 人体感应：自动感应生物开启和关闭光源。可应用于门厅,以及起夜灯。

● 定时控制：自主设定灯亮起和熄灭的时间。可应用于客厅、卧室、老人房、儿童房、书房。

● 灯光调节：灯光照明控制时能对电灯进行单个独立的开、关、调光等功能控制,也能对多个电灯的组合进行分组控制,电灯开启时光线由暗逐渐到亮,关闭时由亮逐渐到暗,直至关闭。可应用于客厅、卧室、更衣室、老人房、儿童房。

● 场景设置：预设灯光场景。需要时按键即可,无需逐一开关灯和调光,只进行一次编程,就可一键控制一组灯。

总线系统满足大平层规模化标配应用

总线系统主要集中在商用和工业领域应用。在民用领域使用率较高的是在面积较大的别墅、排屋及复式住宅中。如果在面积相对较小的大平层项目或以批量销售为概念的房地产配套项目中能得到较高的接受度,需要有些适应性的变化。过去总线系统动辄十多万起步的情况很难在平层或项目中得到广泛的接受,价格高高在上的感觉一定要改变。平层及房开配套(即房地产开发前期配套)项目相对于大户型的别墅市场有更多的用户群,较低的交易额和成倍增长的客单量,要求必须有标准化的产品以应对这个市场。当面对的是别墅型客户这种小众市场时,不计成本的售后维护以保持客户满意度是差不多可以接受的事情。但是一旦面对平层或房开配套这种更大市场的时候,必须要考虑售后维护的便捷性、成本或者可以普遍接受的临时方案。

一言以蔽之,智能家居要发展起来、要普及,平层和房开配套的市场一定会大范围的起来,这个市场前景是毋庸置疑的,关键是如何去匹配和引爆这个市场。在很多集成商看来,总线智能家居产品具备现场总线系统通用的一些优良基因,如系统稳定性、可靠性、灵活度等。不同生产厂家根据自身特点,如所属行业的特性、行业经验积累等,融入智能家居系统中,将系统某部分功能实现得更加智能、更加贴合用户需求。

对房地产企业而言,他们希望能用有限的价格,打造更好的卖点,但又害怕智能家居成为"麻烦制造者"。而总线系统往往价格偏高,让精明的房产商望而却步。但随着国内房地产开始走精品路线,价格持续走高。总线式智能家居系统以其特有的优势,可以给大平层项目与房地产配套项目提升品质与体验感,使之竞争力大大加强。

总线智能家居产品应该在系统稳定性、场景控制、多系统集成上提炼卖点,设计产品要分析用户的日常使用习惯,一味地追求高科技全功能,系统越做越庞大、操作越来越复杂,不能忽视了智能家居原本给用户带来"简单、易用、便捷、可靠"的实际意义。

◉ 影音娱乐与集中控制

智能家居融合影音集成

智能家居与以影音房装修为代表的家庭影音需求相结合,从而使得原本缺乏直观体验的智能家居系统，能够在影音房中营造出具有较强体验效果的智能化小环境。这一结合让用户可以对灯光联动、幕布升降、设备中控等操控有了更为直接的感受。

智能家居厂商与集成商在摸索中发现，植入了影音系统的智能家居体验式营销可以为消费者带来更多直观体验。而在影音大集成趋势下的定制安装行业中，智能家居也正成为不可或缺的新系统组成部分。智能家居与影音集成的融合，已不单纯停留在项目和解决方案的层面，而正逐渐由此影响到厂商的渠道整合。可以说，大融合的趋势同时为智能家居和影音集成开辟出全新的市场空间。

与影音系统相结合的体验式营销为一直处于不温不火状态的智能家居市场带来全新的发展契机，这一趋势也逐渐在近一两年得到越来越多的市场认同与收效。在此基础上，一方面原先专注于影音产品的传统影音集成商开始在项目中根据业主需求，更多地引入智能化控制产品，在影音市场竞争日趋白热化的同时，引入全新的产品类型和设计理念，从而赢得客户认可；另一方面，原本从事智能家居经营的商家也开始将家庭影音产品，以至于影音房装修纳入到自身经营范围中，从而充实营收需求，并进一步扩展产品线，在现阶段有限的客户资源中，实现客户价值的最大化发掘。

种类繁多的影院设备给客户的使用带来了不便，操作更是令人头痛的问题。中控的出现使这一切变得简单，一键"影院模式"能搞定多种功能，一键"离开模式"即可让你从容离开。所以，有些客户在选择家庭影院时，都会先考虑家庭影院的提供商是否有集成中控的能力，中控将成为私人影院里不可分割的一部分。在解决影院的控制外，中控也提供了整宅的智能控制，客户在了解了影音控制的同时，一定会拓展到整体家居控制，将对灯光、窗帘、空调、地热、背景音乐、安防等系统进行整合，实现整体智能控制。最终，业主通过无线触摸屏或 iPad 即可在户内通行无阻，一切尽在掌握。

因此，从某种意义上说，私人影院的中控控制是整宅控制的切入点，也是客户了解中控产品的窗口，智能家居整宅控制和影音控制相辅相成，对市场推广有着积极的作用。

仔细分析不难发现，此类消费需求一则定位高端，二则注重对影音设备的控制。与动辄几十万，甚至上百万的家庭影音设备相比较，智能家居产品一直饱受诟病的高价位并不缺乏高端消费者的关注。与此同时，在消费者一掷千金打造享受影音娱乐的专属空间时，传统开关面板与一堆各类纷繁复杂的设备遥控器同样也不再适合新的市场需求，选择融入智能家居功能也成为影音集成市场发展的必然。

影音房与客厅影院智能化需求延伸

随着智能中控系统在智能家居中的需求不断攀升，近年来越来越多的中控品牌在关注商用市场的同时，也开始将更多的关注点投向以家庭影音房、视听室、客厅影院等为代表的家用市场。此外，知名国外中控品牌也逐一登陆国内市场。加之，在市场角逐的过程中，国内外中控系统与第三方设备的集成程度不断提升，这也为智能家居影音房项目集成提供了更多产品的选择空间。

影音房的设备控制包括对投影、AV 功放、蓝光播放器、电动窗帘、灯光调光、游戏机、KTV 设备控制以及音视频的切换。家庭影音室中，设备众多，开关设备切换视频、音频极为复杂。有时至少需要 5～6 个遥控器才能完成一系列的动作。很多客户都是男业主在买了这些设备之后学习一两次才勉强会使用，甚至要出具图文并茂的说明书。但很多情况是女业主会带一些自己的朋友到家里聚会，这时候还要打电话咨询。甚至有时候出现了打不开的情况，给主人造成了很大的麻烦。有了中控设备的应用就能够帮助客户解决这些问题。

当下用户对于家庭影音房的中控应用功能需求主要体现在两个方面：一是对影音娱乐设备的控制；二是对影音房环境的控制，如：灯光、窗帘、空调。从体验的角度来讲，就是用户在影音房，只需拿着 iPad，就能实现对家庭影音娱乐设备的一键式控制。至于灯光、窗帘、空调等，更是需要高度集成化控制，这样用户能有更多时间和精力放松娱乐。

在集成项目中，集成商更为关注中控主机是否具备双向控制的接口，如RS232、RS485、网络控制。考虑到红外控制的不稳定性，建议在选择受控设备的时候尽量采用具备双向通信的 RS232、RS485 或网络控制的设备。最好还是选用中央控制加遥控器来控制设备，操作起来会非常方便。门口开关设置多功能的物理按键是很有必要的，一键开启影院或者 KTV 模式，比触摸屏 iPad 来得更加直观，对于年龄稍大点的业主来说非常实用。

一切以用户体验为核心，从产品和服务两方面着手。中控产品如何撬动智能家居终端蓝海市场，主要是用好的产品来说话，外观更加时尚小巧，操作界面更加简单易用；控制的选择更多样，如：无线控制、实景控制、软件性能上更多的自定义模块设置；还有价格亲民与否、个性化需求能否满足等，都是厂商和经销商需要关注的问题。当然，在完善产品本身人性化功能的同时，开放接口和协议用于和中央控制系统整合，这也是必然趋势。

影音行业也在悄然间发生变化。在传统豪宅独立影音房市场日趋走低的情况下，一些影音商家开始将目光重新投向大众，希望让影音回归客厅，让影音回归家庭。于是，一些围绕"短焦投影和大屏电视"为中心的配置方案纷纷推出。笔者非常认同这一转型变化，除了市场份额的考虑外，大屏电视越来越薄，让声音效果成为"瓶颈"。从淘宝上热销的 SoundBar，我们就不难看出，普通消费者越来越关注视听影音的效果。我们期待这种转型走向成功，让高品质的影院惠及千家万户。围绕更具潜力的客厅影院市场，或许我们应该有更多期待。

● 舒适环境与家庭节能

中央空调智能家居集成控制

现阶段，面向终端业主的智能家居集成方案更多应用于以别墅、复式楼等为代表的大面积住宅当中，而与中央空调系统的集成则必不可少。目前，通过不同空调厂商或智能厂商提供的配套模块、转换模块或第三方转换器均可以实现中央空调与智能家居系统的集成控制。

空调、地暖、新风系统，中控品牌的控制主机可使用串口或继电器口进行控制。串口可通过 RS485 接口与中央空调网关基于 Modbus 标准协议进行对接，来进行全区域空调、地暖、新风系统控制。

继电器控制方式则可与第三方温度感应器进行配合使用，根据温度感应器所得到的室内温度反馈情况进行分析后，通过继电器给出短路信号来控制空调风机盘管的风速或地暖热水阀开合以达到所需的室内温度。

国际中控系统品牌往往配备国际标准的 RS485/EIB/LonWorks/BACnet 等控制协议对中央空调内的温度、风速、模式进行调节。采用标准的 IR 代码对分体式空调内的温度、风速、模式进行调节。

智能家居空净市场需求

雾霾等环境问题越来越多地困扰着消费者，以往住宅对室内空气质量很难控制，一般住宅往往开窗通风，开窗或不开窗全部由业主控制。但这受到很多实际情况的限制，比如冬天太冷，夏天太热不能开窗，或者是休息的时候为了保持室内安静也不开窗，导致无法保证开窗通风。

新风系统是由新风换气机及管道附件组成的一套独立空气处理系统，新风换气机将室外新鲜气体经过过滤、净化，通过管道输送到室内。新风系统是根据在密闭的室内一侧用专用设备向室内送新风，再从另一侧由专用设备向室外排出，在室内会形成"新风流动场"，从而满足室内新风换气的需要。

新风系统是由风机、进风口、排风口及各种管道和接头组成。安装在吊顶内的风机通过管道与一系列的排风口相连，风机启动，室内受污染的空气经排风口及风机排往室外，使室内形成负压，室外新鲜空气便经安装在窗框上方（窗框与墙体之间）的进风口进入室内，从而使室内人员可呼吸到高品质的新鲜空气。随着家居智能化发展，新风系统与室内环境监测的联动应用备受关注。通过接入二氧化碳、TVOC、粉尘、湿度等控制器，实现自动检测空气质量，在室内空气超过设定值时启动新风机，在确保室内舒适度的同时实现节能减排的目的。据了解，"置换通风"系统的核心是新风换气技术装备——新风换气机。它是一种将室外新鲜气体经过过滤、净化、热交换处理后送进室内，同时又将室内受污染的有害气体经过过滤、净化，交换处理后排出室外，而室内温度基本不受新风影响。新风系统主机中有全热回收系统，进出的空气通过热交换器的时候进行了预热预冷的能量交换，可以保留室内空气 70% 左右的能量，避免能量流失，降低冷暖气的损耗。而普通的换气设备直接将室内空气排出室外，导致室内空气冷量或者热量的流失，造成能量的浪费，不利于节能。

新风系统是改善室内空气质量，实现室内通风换气行之有效的方法，它既可以降低能耗、保护健康、防尘防噪，还能提高生活的舒适性。在国外发达国家，中央新风系统已成为住宅必备的配套设施。在国内，中央新风系统也正悄然流行。

与需要在前装阶段设计安装的新风系统不同的是，空气净化器的工作原理相对简单很多，是使用技术手段对室内空气的颗粒物、微生物和气体污染等进行处理，减少其数量的家电产品。主要进行室内空气的过滤，去掉部分污浊空气。

畅想家庭能源管理

家庭能源管理系统（Home Energy Management System，HEMS）是一种能够兼顾家庭节能与舒适生活的能源管理系统。系统对家庭耗能量、可再生能源发电量、二氧化碳排放量进行实时监控；对家庭用能终端进行耗能目标设定，并为家庭提供全方面的节能建议，还实现自动化节能控制、与可再生能源发电实现联动效应，并根据能源公司的供能状态调整自身用能标准。系统能够利用天气信息与传感器找到多余的能耗源，并通过对家用电器的控制达到节约能耗的目的。在家用能源机器的使用上，当太阳能光板的发电量出现剩余时，该系统可以指示热泵热水器烧热水，或者指示洗衣脱水机开始工作，从而实现对电力的有效利用。当易受天气等因素影响的天然能源越来越多地应用于发电领域之后，为了确保电力供应的稳定，势必需要安装蓄电池，以便在节约能源的同时，最大限度地保证生活的舒适性。

过去对于家庭能源管理的研究，集中在通过监控和分析家庭能源的使用，提出能源使用建议，促进用户调节能源使用方式，从而实现节能和提升电能使用效率。为此，很多知名公司在这一领域进行了尝试。英特尔家庭能源管理采用Atom 技术，协助家庭管理和减少能源使用的触控屏幕产品。它可录制影音信息给其他家庭成员，通过第三方应用软件，还可搜索在线黄页或查询包裹邮件的状态。这项能源管理设备，是英特尔开拓消费者电器市场的另一次尝试。苹果显然采用一项独特的方法，根据一种输电线标准，让专用的苹果设备有效率地传输电力到插电的设备。消费者可通过一个小型的 LCD 屏幕，追踪电力使用状况。微软是与电力公司合作，通过安装智能仪表提供其 Hohm 软件。用户可上网取得电费帐单和即时电力使用状况。Hohm 也为个别使用者提供节能建议。谷歌的 PowerMeter 则着重在用量信息，帮助消费者设法减少电费。谷歌已和若干电力公司与智能仪表商签约，通过智能仪表提供能源追踪表，或可利用Energy Inc. 的家庭监控设备 The Energy Detective(TED)取得相关资料。思科向用户的住宅提供配备带触摸屏的液晶显示器的终端，除了显示与用户使用的能源有关的信息之外，还具备与恒温器等家电产品连接后进行能源管理的功能。为此，还支持 zigbee 及无线 LAN 等无线通信。除此以外，思科还向电力运营商提供 SaaS(软件即服务)功能。

家庭能源管理，不仅仅属于智能电网用户侧，也属于智能家居领域，是属于这两者之间的交集，家庭能源管理产品应兼顾需求侧管理需求和智能家居用户的需求。理应包括满足需求侧管理功能，以实现节能和调节能源使用，还应满足用户对于家庭安全、生活舒适性、方便性的诉求。尽管在智能硬件浪潮的带动下，出现了不少电量监测功能的智能插座产品，但是这些家庭能源管理案例还大多停留在监测、显示能源消耗等层面，能像 Nest 恒温控制器这样可以自动管理的产品不多见。专家认为，我国要实现真正的家庭能源管理还有很长一段路要走。

声名显赫的 Nest 与一般的控温器一样，可以控制空调与取暖设备的启动、关闭与调温等。但不一样的是，它有更多"聪明"的地方。如人走过"恒温控制器"，它就会感应到主人在家，自动调节出一个适合的温度；如果"好久"没有人走过，它就会认为家里没人，自动调低室内温度。最有意思的是它会自主学习。自动记录每天何时家里多少温度、暖气烧了多少分钟、什么时候家里没人温度降下来，等等。时间久了，它大概觉得已经熟悉这家人的生活规律，还会自动变换家中的温度。

以美国家庭为例，供暖方式有 3 种：用电、汽油和天然气。用电取暖的家庭操作比较简单，用汽油与天然气取暖还要自己购买燃料。但无论是哪种方式，冬天几个月的电费或燃料费，对一般美国家庭来说都是挺大一笔开销。但 Nest 的恒温控制器可以根据家庭使用情况，自动调节温度，从而节约一部分能源消耗。Nest 恒温控制器不仅帮助家庭节省能源，还让能源公共事业公司找到了了解用户使用信息的途径。以前，电力公司、燃气公司等只能看到用户使用能源的总体情况，但具体怎么用的并不知道。Nest 恒温控制器可以记录家庭使用能源的轨迹与具体分布等，为能源公司等进一步帮助用户管理能源提供依据。

追溯过往，家庭能源管理其实是谷歌一直想做的领域。谷歌自己有类似的恒温器产品叫 Energy Sense，但市场局面没打开。更早在 2009 年，谷歌还推出过一种以网络为基础的能源管理工具 PowerMeter，作为一种电力可视化软件，用图表显示电力消费量等，可以向用户提供节能相关建议，但当时市场不成熟，未能获得足够多的电力公司、家电厂商等合作伙伴，谷歌后来就关停了这一服务。对谷歌收购 Nest，业界认为：借助小小的 Nest 恒温控制器，谷歌想撬动的还是家庭能源管理的大市场。

国内一些新建高档住宅，因为加载了智能化设备，可以通过自动检测室内有人、无人，切换为舒适模式或节能模式，如主人离开家时，会自动调到节能状态等。

面向国内市场最近几年，国内媒体热炒的"智能电网"也可以被看作一种进行家庭能源管理的接入方式。全球电力需求每年都在持续增长，这促使电力运营商寻求新的方法来优化现有能源储量的使用方式，同时逐步发展低碳环保、智能高效的太阳能光伏发电和风能发电等可再生能源分布式发电方式，以推动现有电网朝着智能化方向转变。智能电网中的设备包括可以发电的涡轮和太阳能光伏电池板、传输电力的控制系统，以及监控企业及家庭用电情况的智能控制系统。智能电网将电力输送和信息技术结合，可实现电能的双向传输、输配电以及用电的智能调节及合理均衡。

构建分布式智能网络架构能够帮助智能系统收集智能电表、自动馈电设备、变电站等各种网络节点的信息，通过互联网协议（IP）传送数据，提供安全、高效地控制电网系统所需的环境感知能力。例如：智能可再生能源发电可应对多变的天气状况，通过计算设备对风力和太阳热量的强度进行评估，并通过调节涡轮叶片数量和太阳能光伏电池板角度做出响应。智能能源输送基础设施包括能够实时优化供电电压和相位的变电站。智能能耗包括节能计划，以及基于最终用户访问实时（或接近实时）数据的使用模式。

家庭用户仪表盘能调用整个家庭网络的显示画面或查看任一电器的使用情况，从电表、智能插座、家用电器和室内无线传感器网络中收集、显示与家用电器功耗和使用模式有关的数据，并与电力公司的智能仪表无线连接。这是智能电网进入家庭的具体体现。系统设计初衷是帮助家庭用户合理用电、减少电费支出，以及电力运营商最大限度降低发电、输配电以及相关排放所需的成本。

事实上，家庭能源管理远远超过了传统家庭能源监视器，它能监控电视、冰箱、洗衣机、计算机、洗碗机和空调系统等各种家电的用电情况，甚至包括孩子玩电子游戏机的准确时间。可以创建视频备忘录、控制取暖、空调、照明水平以及家庭安防系统。并在所有家电中，找到耗电量大的电器，提出切实可行的节电建议，使人们从被动用电转向主动、有计划的节约用电方式。家庭用户还能从电力公司或其他服务提供商获得能源消耗比较数据，并运行针对天气、交通状况和其他服务的插件应用。

据美国 Wipro 咨询服务公司针对家庭能源管理系统进行的调查结果，家庭用户仪表盘等设备可以帮助普通美国家庭节省 30％的能源，相当于每年为一个家庭节省 470 美元的电费。调查还显示，在 100 万户家庭内采用此类设备，可使供电公司节省 33％的峰值发电量，相当于 6 家 250 兆瓦级燃气电厂节省 10 亿美元的成本。由此可见，家庭能源管理未来前景可观，我们也更期待更多配套产品和技术在国内市场早日应用。

第4章 生态圈篇：万物互联·生态融合

智能家居生态圈演变与现状

生态圈一词更多是在 2013 年前后出现，生态圈即是一个能共存的环境，它的特点是共创、共享、共赢。从目前的智能家居系统来看，可以细分几种不同的生态圈类型：技术联接构建、互联网平台主导、家电企业主导、智能手机主导、智能模块联接构建和系统集成生态。

技术联接构建的生态圈

从目前的智能家居的通信技术来看，可分为 zigbee、Z-Wave、KNX、enocean 等。zigbee 是基于 IEEE 802.15.4 标准的低功耗局域网协议。根据国际标准规定，zigbee 技术是一种短距离、低功耗的无线通信技术。其特点是近距离、低复杂度、自组织、低功耗、低数据速率。主要适合用于自动控制和远程控制领域，可以嵌入各种设备。简而言之，zigbee 就是一种便宜的、低功耗的、近距离无线组网通信技术。

Z-Wave 是由丹麦公司 Zensys 所一手主导的无线组网规格，是一种新兴的基于射频的、低成本、低功耗、高可靠、适于网络的短距离无线通信技术。Z-

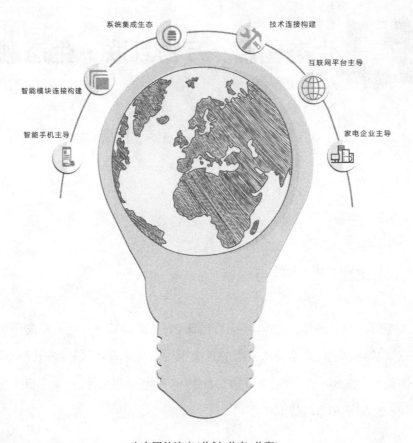

系统集成生态

技术连接构建

智能模块连接构建

互联网平台主导

智能手机主导

家电企业主导

生态圈的演变（共创、共享、共赢）

Wave 技术设计用于住宅、照明商业控制以及状态读取应用，如抄表、照明及家电控制、HVAC、接入控制、防盗及火灾检测等。Z-Wave 可将任何独立的设备转换为智能网络设备，从而可以实现控制和无线监测。

KNX 是 Konnex 的缩写。该协议以 EIB 为基础，兼顾 BatiBus 和 EHSA 的物理层规范，并吸收了 BatiBus 和 EHSA 中配置模式等优点，提供家庭、楼宇自动化的完整解决方案。KNX 总线是独立于制造商和应用领域的系统。通过所有的总线设备连接到 KNX 介质上，它们可以进行信息交换。总线设备可以是传感器也可以是执行器，用于控制楼宇管理装置如：照明、能源管理、空调系统、信号和监控系统、服务界面及楼宇控制系统、远程控制、计量、视频/音频控制、大型家电等。

EnOcean 是世界上唯一使用能量采集技术的无线国际标准。EnOcean 无线能量采集模块由德国易能森有限公司(EnOcean GmbH)生产销售，并为易能森联盟(EnOcean Alliance)成员提供技术支持。基于这个平台，原始设备生产商可以轻松且快速实现定制化的基于无线能量采集技术的无线开关传感解决方案。

此外，还有一些其他的家庭通信协定技术。例如 Thread，它由三星、Nest、ARM、Big Ass Fans、飞思卡尔和 Silicon Labs 公司联合推出，是一种基于 IP 的无线网络协议，用来连接家里的智能产品。Thread 改进了 zigbee、Z-Wave 等协议中的不足，通过 6LoWPAN 技术支持 IPv6，可支持 250 个以上设备同时联网，能够覆盖家中所有的灯泡、开关、传感器和智能设备。还有由 LG、高通、夏普等合组的 AllSeen Alliance，以及在此基础上发展而来的物联网标准组织(Open Connectivity Foundation，OCF)。采用高通所开发的开放源始码平台 AllJoyn 为基础，开发出 AllSeen 技术，是单纯的协议规范，并不属于硬件设计。基于 TCP/IP 网络协议，制定一个类似 UPnP、DLNA 的概念，让硬设备能透过 AllSeen 的协议，经过 Wi-Fi、电线或是以太网络联结达到可被控制的目标，进而实践智能家居的理念于日常生活之中。

互联网平台主导下的生态圈

在电商导向型企业中，以传统业务为中心，通过控制模块，实现互联互通，延伸生态圈覆盖，以超级 APP 模式，消费用户引流。具体有如下代表：

阿里智能，是阿里智能开发的一个智能终端控制应用，可以控制家里大大小小的智能电器，包括智能电视、空调以及空气净化器等，让用户体验高科技智能生活。阿里小智背靠阿里云积累多年的云计算平台，为用户提供远超出同类智能控制终端的稳定性以及响应速度。目前,阿里智能已有 100 多个生活品类达到智能化,覆盖大家电、生活电器、穿戴设备等多种智能硬件。并且也是全球出货量最大的智能硬件平台,7 000 多万台产品在天猫、淘宝众筹等平台售卖。

京东微联,前身是京东超级 APP,是市场上第一款完成跨品牌、跨平台智能设备控制、交互和数据汇集的移动应用。通过京东微联的智能家居场景,可对空调、净化器、电饭煲、净水机、灯光、插座等智能设备进行远程控制。目前,京东微联对接智能品类超过 42 个,累计销售超过 150 万台,正在联接产品已经超过 1 000 款,覆盖大家电、生活电器、厨房电器、五金家装、可穿戴设备、车载设备等多种智能硬件。

微信开放平台,是一种第三方移动程序提供接口,使用户可将第三方程序的内容发布给好友或分享至朋友圈,第三方内容借助微信平台获得更广泛的传播的开放平台。分段 QQ 物联,将 QQ 账号体系及关系链、QQ 消息通道能力等核心能力提供给可穿戴设备、智能家居、智能车载、传统硬件等领域合作伙伴,实现用户与设备及设备与设备之间的互联互通互动,充分利用和发挥腾讯 QQ 的亿万手机客户端及云服务的优势,在更大范围内帮助传统行业实现互联网化,目前已经有超过 2 000 家企业都接入了 QQ 物联。

苏宁云居是苏宁智能平台下的一款 APP,在苏宁易购上购买的智能产品都可以使用苏宁云居来管理。配合手机,该应用相当于一个综合型的遥控器,不仅能够直接控制智能家居,还可以创建智能场景,对家电进行延时、定时操作。目前苏宁云居已经联接了 1 300 多个智能产品,包括智能空调、电视、插座等设备与硬件。

乐居家是一款打通设备间边界的超级 APP,由乐视智慧家庭发布的智能设备服务应用。基于乐视自主研发的智能硬件通信协议 lelink,接入乐居家的智能硬件设备可以在远程、局域网条件下自由交互。通过大数据和云计算,用户不仅能操控设备,更能够通过数据的收集分析来指导生活。

此外，作为全球互联网巨头的谷歌，历来将收购看作是增强自家实力、扼杀潜在敌手、避免对手增强的一大良方。2014 年，谷歌斥资近 50 亿美元买下凭借智能温控器而崛起的初创公司 Nest Labs，昭示了谷歌进军物联网市场的决心。之后，谷歌又买下了视频监控和安全技术公司 Dropcam，该公司所有的团队并入 Nest，而谷歌想要获取的就是这家公司的 Wi-Fi 网络摄像头和追踪技术。在此之前，谷歌还收购了 YouTube、Waze、AdMob、Postini 等不同领域应用的企业。

家电企业主导下的生态圈

海尔 U＋，一个全开放、全个性、全交互的智慧生活平台。将厂商、服务商、供应商资源联合起来，在一个统一的平台上优化资源配置。通过开放的接口协议让不同品牌、不同种类的家电产品接入平台，实现系统级别的交互。基于 U＋智慧生活平台，可以为用户提供不同的智慧生活解决方案。

美的 M-Smart 智慧家居平台，以传感、大数据、智能控制技术为手段，发挥全球最齐全的家电产品横向整合资源能力，实现全品类白色家电产品互联互通。通过打造"空气智慧管家""营养智慧管家""水健康智慧管家""能源安防智慧管家"等智能服务板块，加速布局物联网家居市场。通过联合华为、阿里、高通、香港科技大学等实现整个智慧家居宏观架构规划，并借助华为、东软、京东、BAT 等企业在互联网各自专业领域的优势，推动美的智慧家居平台从云到端的建设。

TCL 智能家庭平台，由智能连接（即智能模块）、超级管家、超级 APP、智能云、企业解决方案 5 个部分组成。平台旨在推动 TCL 集团内各产品互联互通、智能家电产业升级。以中国市场为发展根基实现产品＋服务的商业模式同时以服务收入带动智能家庭自身企业的发展目标。

格力智能环保家居系统，以手机 APP 为系统控制键，以格力光伏发电和储能设备为能源出口，将格力的净水机、热水器、冰箱、空调、加湿器等整合成一体，并利用物联网技术将其他家居串联，实现所有家居的智能识别检测以及智能安防。

此外，全球电子行业领先品牌三星也在意图布局智能家居。2014年，三星收购了智能家居开放平台 SmartThings，希望实现所有公司设备联网。SmartThings 的技术可帮助用户通过他们的智能手机、智能手表以及其他设备控制电器产品。2016年，三星又收购美国高端厨房电器生产商 Dacor Inc。三星对这些企业的收购，无疑是想拓宽自然的产品链，加强对于智能家居接口标准定制的话语权，从而主动应战智能家居的发展。

智能手机厂商主导下的生态圈

HomeKit，是苹果2014年发布的智能家居平台，该平台可以将用户家中的智能家电整合在一起，可以通过 iPhone、iPad 等苹果设备来统一控制家中的各种智能家居产品，从智能恒温器、智能灯泡到其他家用电器等，以开放的平台为诱点，借此吸引更多的支持者加入并巩固苹果自身在市场中的影响力。

2013年，小米启动了"小米生态链"计划，2016年，小米生态链产品的全新品牌"米家"发布。小米在其主业务手机领域获得成功之后，又把眼光放在目前炙手可热的智能家居领域。小米正意图打造以小米手机为核心，生态链企业为周边，结盟、投资企业为外围的"小米生态"结构战略。

华为 HiLink，是华为开发的智能家居开放互联平台，目的解决各智能终端之间互联互动的问题。平台功能主要包含智能连接、智能联动两部分。华为开放协议已经和海尔、美的、BroadLink 等国内几十家知名厂商合作，打造互联互通的新平台。

2016年上半年，魅族推出了自己的首款智能家居硬件——智能家居路由器，开始布局智能家居市场。魅族的 m+魅家智能家居计划，包括智能插座、智能开关、红外检测器、智能遥控器、门磁、空气检测器、空气净化器、蓝牙 LED 灯以及智能路由器在内的众多产品。未来魅家产品将通过 M＋smart 蓝牙组网系统进行互联互通，用户可以自己在家中非常简单地就能组建起属于自己的智能空间。

智能模块联接构建的生态圈

在智能家居市场上，此前出现的许多智能家居方案都是整体解决方案，需要重新购买智能化家电硬件，但对于家庭的存量电器无法进行改造。模块化的智能方案考虑到用户的自主权，深受消费者青睐。其中有 BroadLink、庆科等企业从智能模块连接用户的需求出发。此类服务商推出的模块化智能方案，用户可以随时将智能家电、智能单品、传感器、互联网平台通过与各自云平台进行连接，从而组成用户需要的方案。大量低功耗 Wi-Fi 无线网络模块，融合了 Wi-Fi 技术和微控制器技术，支持 IEEE 802.11 b/g/n 无线通信和多种节能模式，广泛运用于各种新型智能化电子产品。

系统集成市场生态

智能制造发展具有复杂性、系统性，涉及设计、生产等产品全生命周期，涉及执行设备层、控制层、管理层、企业层、云服务层、网络层等企业系统架构，需要实现横向集成、纵向集成和端到端集成。限于资金投入不足、技术研发周期较长以及工艺壁垒等因素，单个系统解决方案商很难满足各个细分行业的智能制造发展需要，企业需不断加强创新，以强化集成系统解决方案供应能力。

智能家居是一个平台、一个系统，是各种家居设备的集成化，所以严格意义上的智能家电等单品还不算是智能家居，只是智能家居控制的一环，市场需求也有限，若只停留在碎片化的第一步很难进一步打开智能家居的价值链。

智能家居离不开系统的集成。从产品解决方案的角度出发，围绕影音室/家庭影院解决方案、多房间 HiFi 音乐体验和高清甚至是 4K 视频解决方案、智能照明、安防监控解决方案，将集成配套企业纳入其中，与世界上大范围的第三方产品进行整合，为客户提供产品整合平台，无论他们选择国内还是国外，知名还是普通品牌，共同打造完整的解决方案。

跨界融合：创造全新市场机遇

近年来，智能家居作为新兴产业得到了前所未有的关注，不少家电企业、IT企业、安防企业纷纷转型，投身到这个新兴市场中。大体上说，智能家居主要集中于软件和硬件两部分，涉及的是网络和家居产品，而这在很大程度上就先给了互联网公司、家电商和通信设备商机会。目前在智能家居行业最有影响力的纯正智能家居企业并不多，大多都是"边缘"企业或者说"外围"企业，而这些企业往往也是"软硬发展不均衡"，很难一口吞下"软硬兼施"的智能家居，与第三方合作无疑能够解决这个问题。实际上，即便是苹果、微软这样的大公司，也会同智能家居硬件厂商进行合作，国内的家电商、互联网公司就更不用说了。

拿近几年非常火的"互联网+"来说，"+"的是传统的各行各业。在移动互联网时代下，行业之间的界限开始变得模糊，跨界、跨行业成为社会经济发展的新常态，不论是"互联网+"还是传统产业再也不能各司其职，融合成为不可阻挡的趋势。京东入股永辉超市，彼此结成战略合作伙伴关系，永辉的产品、资源等可以全面接入到京东，并进一步丰富永辉超市经营业态，形成区域化门店集群规模优势，而京东也可以借永辉来尝试线下连锁实体店的电商化。滴滴出行战略入股饿了么，双方将携手共同搭建同城配送体系。双方资源互补，将极大增强彼此的业务侧翼。"互联网+"成为实现经济转型升级的重要力量，必将带动产业的跨界和融合，为实现产业转型升级添砖加瓦。

而传统的家电产业在升级过程中也离不开与其他企业的合作。2015年，TCL与万达合作，在互联网应用及服务平台、商用显示（含电视）、空调、智能家居系统等方面开展合作。一方是家电生产企业，一方是地产公司，双方的合作并不会止于单纯的资金投资和资金引入，而是会借助股权投资，形成新的业务合作。恒大集团和海尔将在家电、家居、金融服务等方面展开全方位战略合作，瞄准智能化家居市场，海尔的"智慧家庭"产品将进入恒大旗下的社区。包括传统的家电企业格力，在 2015 年与航天科工合作，发展智能家居。可见，在传统家庭企业升级过程中，跨界合作是不可逆转的趋势。

智能家居的最终目的是服务于消费者，因此落地服务的对接就显得相当重要，跨界合作是解决应用落地的最好方式。在海尔 U＋平台正式落地的时候，海尔就和腾讯合作，海尔的操作系统就与微信实现对接。例如，在饮食生态圈中，用户不仅可以通过微信控制家中设备，并可以通过微社区分享自己在美食和烹饪方面的经验，还可以直接在本来生活网下单购买你所需要的食材；冰箱可以随时提醒你食品保质期，通过你一周的饮食内容提醒你如何更好的健康膳食。

从用户角度来看，购买产品不仅看中质量，更加看中品牌效应。企业间的跨界合作，更加能够提升自己的品牌影响力，对用户的吸引力也就越大。

互联网平台的智能家居布局

整合流量入口，推进智能家居普及应用

良好的外部环境，以及广阔的智能家居市场前景，使得越来越多的互联网企业参与进来，也进一步扩充了智能家居领域的发展力量。表面上是为智能家居的互联互通尽一份力量，实则是在互联网思维下的智能家居模式膨胀。互联网的思维是哪里有流量，哪里就有互联网企业的身影，哪里就有大规模的入侵，哪里就有互联网生态。所以这两年互联网企业在智能家居领域的动作比较多，也比较大，因为他们看到了智能家居领域可能会成为未来重要的流量入口。互联网企业在整合流量入口的同时也整合了智能家居周边优势资源，为智能行业提

供了优质的服务,助力创业企业成长及传统企业智能化转型,协助政府促进行业伙伴间的战略合作,也推动了各行业关注智能领域投资的机会。

例如,网购从 PC 端走向移动端再走向智能电视端,但是,目前的网购与服务定制的绝大部分流量还依然被移动端把控,然而智能家电的流量也在迅猛增长。虽然流量有了,但对于推出的购物和服务模式,还需要时间的检验。

各种互联网生态体系都在加速构建,呈现非常显著的融合态势,所谓的融合以互联网的思维来解释就是流量入口的整合汇聚,将所有的流量入口整合到家居生活带屏的智能硬件上,让用户无时无刻不在这些硬件入口中寻找服务,给予互联网企业持续的现金流,当然整合流量的智能硬件中就包括智能家居设备,反之在流量入口的整合过程中,会加速智能家居的普及与应用,目前单单从智能电视上就可以看到大屏购物、智能语音购物的趋势。

海外智能家居互联网巨头的流量入口整合

在世界范围,美国的互联网巨头也在做着智能家居流量整合的家庭入口硬件,如亚马逊、谷歌和苹果。亚马逊通过智能语音音箱 Echo 汇集了上千种智能硬件设备的联动,同时还具有上万种服务联动组合,出货量已经达到 300 万台,是目前全美呼声最高的智能家居硬件,平台构建主要靠亚马逊免费语音技术的吸引;其次是谷歌。从 2014 年收购 Nest 开始,谷歌就开始布局整合流量入口,2015 年发布的"work with Nest"想让第三方设备接入 Nest 接口,由 Nest 去控制所有智能硬件,不过目前只有几十家厂家在围绕 Nest 做对接,2016 年谷歌又发布了 Google Home 智能语音音箱,Nest Labs 的核心员工以及技术成为了谷歌智能家居项目 Google Home 的主力军,谷歌准备效仿亚马逊将家居的控制中心放在 Google Home 上,今年秋季 Google Home 才能入市,所以谷歌目前流量整合并不成功。

苹果 2014 年发布了 HomeKit 平台,该系统允许用户通过 iOS 系统内置的

Home 应用连接控制所有的"物联网"设备，因为苹果有多款硬件，所以目前没有把哪一款单独的硬件作为流量入口整合，而是让所有的苹果硬件都支持 HomeKit，让这些硬件都可以作为网关，所有与 Home Kit 系统兼容的第三方设备必须安装一个苹果授权的嵌入式 MFI 芯片，2015 年中旬，HomeKit 的第一批智能家居设备上市，从此苹果开始了对接之路，目前支持 HomeKit 的硬件只有几十家，但是 HomeKit 在 iOS 内置后，可能会有大的前进步伐。3 家巨头中实力最强的就是苹果，在 PC 和移动互联时代，苹果做了最出色的硬件闭环生态；其次是谷歌，谷歌的安卓操作系统已经改变人们对智能操作的认知，定义智能家居硬件设备的软件操作标准也是谷歌目前在物联网布局的思路。

另外还有微软在智能家居的布局，主要在 AR 设备上，AR 设备的制造门槛非常高，微软在全球首次展现智能家居控制终端的 3D 全息演示，是世界上其他智能家居互联网企业都无法做到的。

寻找爆款，哪些单品应用将率先爆发？

阿里智能、京东微联、小米、微信、360 等都在做智能硬件，而且不断有传统制造业转型和新的创业团队加入智能硬件产业中。这几年国外的爆款硬件有 Nest 和 Echo，而且产品性价比高，以百万台出货量计，国内的爆款有智能插座等小智能硬件产品，但是无法成为控制中心，市场目前最需要入口级爆款硬件。目前，智能家居是虚火难旺，意思是炒概念不赚钱，市场还处于初期养成阶段，消费者没有智能家居的使用习惯和消费观念，出货量不高，还不足以出现大公司和大产业，因此智能硬件产业出现了资金短缺、好产品难觅的资本寒冬时期。目前国内的爆品多围绕儿童消费领域，如儿童智能手表、高级玩具的智能机器人、智能看护摄像头等，但都不属于流量入口级产品。

目前，众筹的产品拥有爆品怪相，在各大知名众筹平台中，陆续出现了一些"爆品"，众筹金额及参与众筹的人数都非常可观，同样也吸引了众多"天使"的关注，可谓是收获颇丰，但是等众筹这段人气过去后，好像就消失了一样，厂商会对外宣称自己产品的出货量，但大家却很少会看到或听到周边的朋友在使用这样的产品，说到底都是因为产品不具有核心竞争力，因为当一个产品备受关注后，那么后续将有无数这样的产品诞生（如智能插座），而且功能几乎无异，又加之当前消费者需求尚不明确，因此产品的生命力确实很难保障，硬件领域目前非常难做。

至于未来的智能家居爆品应该具备什么属性？具有良好的自然语音交互功能或新交互方式的产品将成为爆款的基础，APP控制无法切实解决用户需求痛点，谁能做到无感的智能体验感，谁就可以深入人心地成为智能家居的爆款硬件，这个痛点不仅停留在功能性上，最重要的是互联互通的整合能力以及背后嫁接的服务能力，也就是硬件更"软性化"。互联网时代，小产品是解决末端功能需求的产品，大产品是构建整个产品生态和服务体验。小产品是传统制造业的标配，大产品是新型企业的产品。所以以这个思路，互联网企业做出大的爆款产品的可能性最大，而对于小的初创企业将发力于小产品领域。创新型企业或创客来说，通常希望在最短时间内生产出产品，并要求产品定位精准、犯错少、快速变现，最终跟上时代，这都是非常难的事情，硬件不好做，入行需谨慎。

什么是痛点？例如，房间里可能会产生很多的需求，可能需要有一百种产品去满不同的需求，但是哪一种才是最核心的需要？其中之一就是灯光，也就是灯，对于智能家居来说就是智能灯。这是第一步，除了找到痛点需求还不够，还要在用户体验中看这个产品是不是高频次接触产品。还是以灯为例，我们需要它来照亮房间，但这个灯如果是镶嵌在天花板上的灯，距离我们比较远，就算你待上一年，你不会去关注它，更不会去触摸它，你会觉得它是自然而然应该出现在这里的，这种产品就是小产品。小产品是一个孤立的产品，它是工业时代用标准化、规模化、低成本的方式产生的。但是在今天这样的信息时代，功能性的小产品就跟司空见惯的空气一样平常，人们更需要购买的是一个社交功能的大产品，所以大产品带来的经济价值更大。前文说的灯如果是垂落式可以播放音乐的灯，离我们特别近，我们在聊天当中，不经意间就会看到，我们可能会通过这个灯来产生交流和互动，我可能会跟你讲关于这个智能灯的工艺，你就会觉得我在这方面懂得比较多，这时这个产品就具备了能够让消费者获得被尊重的体验和自我实现的价值。社交、情感化和自我实现才是大产品的顶配，大产品强调的正是情感化思维，也就是说灯需要智能化。最后，需要大数据思维，让大产品催生衍生品。

对于产品的精准定位，要符合场景需求，广域的用户一定是有不同的爱好和兴趣，让用户参与构成场景，由用户组成社群，每个不同的场景都会产生不同的产品输入点，做产品要先从用户的兴趣爱好圈子入手，最后再构建场景出发，这将产生无数个产品的需求，通过社群沉淀给予产品精准的功能定义。

超级 APP、智能路由、智能音响与 OTT 盒子

1）超级 APP：跨品牌对接硬件垂直切入用户需求

智能家居的超级 APP 与普通的超级 APP 概念是不同的，普通超级 APP 如微信、支付宝、应用宝、淘宝等就是超级 APP，里面嫁接了各种应用 APP 的服务，拥有海量的装机量，而智能家居的 APP 是以对接的硬件数量体现其"超级"，以海量的智能家居硬件和服务来垂直切入用户的需求。但目前在服务应用方面，智能家居超级 APP 还处在初级阶段，不如普通超级 APP 提供得多。

京东打造的智能一站式服务，基于上亿体量的京东账号体系，希望使用一个 APP 管理不同品牌、不同类型的智能家居硬件，目前包括白色家电、黑色家电、灯光、厨电、小家电、空气设备等门类，然后通过 APP 收集的上亿用户的大数据来转化为服务，可见，超级 APP 被京东赋予了连接智能家居的一切重任，欲借此实现不同品牌、不同品类智能硬件之间的互联互通。

超级 APP 的目的是将用户的操作大为简化。但是，由于应用对接的产品种类不全、产品型号单一、产品功能参差不齐，让众多消费者难以在超级 APP 里选择称心的产品。首先是围绕超级 APP 的硬件要落地到户，如果第一步走不出去，对接的服务都无从谈起。所以现在的超级 APP 平台还不足以成体量，还不能称之为生态。话说回来，智能家居的终端控制不能仅仅依靠一个或者多个 APP，目前终端控制有着脱离 APP 的发展趋势，如 IFTTT 模式的云端智能硬件联动，基于语音、体感的新型交互技术，让智能硬件可以脱离 APP，为何？因为现在的硬件拥有 APP 就披上了智能外衣，只要是家居领域可以使用的智能硬件都可以叫作智能家居硬件，但 APP 对智能硬件而言核心只有两个作用：一个是用户交互接口，一个是数据收集窗口，真正的智能化还需要云端去做，本地 APP 无论功能有多强大，一样停留在初级的智能阶段。

2) 智能路由器：争夺家庭网络流量的第一道入口

上述，互联网是智能家居设备承载的基础，目前很多家庭已经升级至百兆光纤网络，但由于路由器设备本身的限制，网络速度却很少能真正达到百兆网络速度应有的水平，对于承载各种智能设备有一定的压力，所以智能路由器对于保证智能家居设备的稳定性与互通性起到第一层保护作用。目前市面上的智能路由器最大的卖点也是智能家居，主打智能家电的控制，尤其是与智能家电一块。互联网企业染指智能路由器，主要还是想争夺家庭网络流量的第一道入口，所有的智能设备首先得有网才能智能，互联网公司各家布局的切入特点也不一样。

互联网智能路由器功能性，主要有"扫描监控""管理密码防破解""Wi-Fi 密码防破解""防蹭网"和"网页广告拦截"等功能，这便是智能路由器智能化和安全性的提升，如京东和 360 主打的家庭控制和网络安全；对于智能家居扩展性，如小米的路由器通过万能遥控器来实现对电视机、空调、无线摄像头等家用电器的控制，在这样一个智能家居应用场景中，万能遥控器的 Wi-Fi 功能，与小米智能路由器进行通信，借助相应的 APP，实现了通过手机远程接入小米路由器，控制家用电器的目的。

普通传统路由器的市场已经被几家厂家占据，像 TP‐Link 也布局了多款智能家居智能路由器，主打线下对接，但是市场反应平平。而市面上许多所谓的智能路由器，不过是借助其他产品实现的一些场景应用，基本路由功能的稳定性是智能路由器的基础，许多半路出家的智能路由器厂家在基础环节方面并不擅长，如目前大多数智能路由器并没有 PPPoE 拨号连接模式功能，又如移动宽带接入用户通常锁定机器的 MAC 地址，一旦用户更换路由器或者安装路由器，只能借助路由器中的"MAC 地址克隆"功能，而有些智能路由器没有此功能，这都是缺少对通信运营商的接入技术全面深入了解所致，功课不足会给用户带来诸多不便。所以，智能路由器要想真正成为智能家居的控制中心，必须先做好路由器，然后再拓展智能家居的各项应用，互联网企业也可以与传统路由器企业合作共同开发智能路由器，一定会双剑合璧。

3）智能音箱：交互方式升级，更丰富资源有待对接

人机交互的界面在一百年间已经走过了旋钮、按键到触摸屏的演化，语音控制，尤其是自然语音控制成为下一代主流的操控方式之一，智能音箱可以实现"零触控"，语音控制将降低终端使用方式门槛，已将用户群扩展到儿童和老人。

阿里智能生活事业部与飞利浦达成战略合作，双方推出首款合作产品——智能无线音箱"小飞"，同时阿里智能发布了智能音频解决方案，帮助更多音频企业快速迈进智能音乐云时代，如阿里智能提供给哈曼的全球汉化中文音频解决方案，包括远场语音识别、音频平台内容、阿里智能 APP 操控，及同品牌多房间的同步播放 multi-room 技术等。

京东联手科大讯飞推出叮咚智能音箱，搭建叮咚开放平台，从功能性来说叮咚音箱是优质的智能产品，但是其背后整合的资源非常少，仅仅只有少数智能家

居产品的控制对接,背后的服务整合尤其是 O2O 落地应用并不好,也是其未成功的原因。

4) 互联网智能电视

随着近两年智能电视和智能 OTT 的快速发展,智能电视行业用户基数在迅速扩大,目前已经形成一定的体量,传统电视的用户有相当一部分在使用智能OTT 盒子,智能电视的体量比智能盒子的发展要小,但是依然处在替代升级传统电视的阶段,尤其是江浙和广东地区的用户使用智能电视的群体要更大,是智能家电需求的主力军。

在产品品牌方面,互联网智能电视的领头羊便是乐视和小米,单从乐视与小米在电视产品不同的发展模式,可以看出它们已经分别走向两个不同的方向,一个是功能,一个是场景化。

互联网智能电视,如乐视超级电视、小米电视,等等,在终端市场施展拳脚,智能电视的硬件价格普遍偏低,以提供内容服务和开展增值业务为主,延伸了智能电视的价值链,给传统彩电企业造成巨大冲击。但智能电视目前只是停留在入网和承载大量 APP 的阶段,面对越来越智能、内容越来越丰富的电视,用户往往面对海量的音视频资源和 APP,处在自己不知道需要什么的状态,这也是目前智能电视的僵局。

目前,智能电视的厂家不仅将智能电视的入网功能当作首牌,还将逐渐打出更大的王牌——人工智能牌。人工智能电视将会在网上的技术逻辑和大数据运营上下功夫,实现自然语音交互、手势交互、面部表情交互、深度学习和应用软件自动迭代等系统能力,最终实现的将是具有自适应能力、自学习能力、自进化能力而越来越懂用户的人工智能电视。但这还不是终点,交互界面将不仅停留在二维空间,而是将拓展至三维交互,甚至多维交互,多维度的交互加上多维度的数据收集。如人工智能电视能带给用户更体贴、更懂用户的个性化服务,将打破现在的智能电视僵局。众多智能电视厂家都在布局人工智能新阶段的电视，目前仍处在各项储备阶段，技术还未到成果化爆发阶段。

人工智能电视有两个最大的特征，一是数据收集；二是数据运营，也就是数据的入和出。我们知道电视是高频使用的产品，所以可以作为智能家电的入口，多维度的数据采集包括人口属性、上网特征、观影偏好、环境偏好、购物需求、消费能力、健康状况，等等；经过神经网络学习算法做出符合用户或者家庭的个性化业务逻辑判断，这种个性化的智能平台会沉淀海量的用户行为数据，将会持续地实现交互效果反馈、不断地优化用户模型、对服务和产品将会提供迭代参考，最终实现真正的自学习和可成长。

5) OTT 盒子

OTT 盒子可谓是传统电视过渡到智能电视的衍生品，因为现在的传统电视存量过多，又加之智能化需求旺盛，为了用户享受到互联网和智能应用，所以厂家纷纷崛起研究 OTT 盒子。硬件撇开不说，对于 OTT 盒子生态的建设目前主要还是内容，毕竟服务于电视。但是目前 OTT 盒子厂家将其做成智能网关，未来想演化成智能路由器+智能网关+智能盒子的模式，本来很单一的产品承载得太多，能否战胜诸多入口，拭目以待。

如此多的智能硬件都可以作为智能家居的终端入口，最终的目的都是为了提升生活之美。互联网公司在推自己的智能家居硬件与传统智能家居厂家时，都遇到同样大面积落地的困惑，有些问题不仅表现在硬件功能上，还有资源整合的问题。以智能音箱为例，各家主要将精力放在语音点歌、智能推荐上，我们不仅仅是在谈智能音箱，最重要的是智能家居智能音箱属性。目前，对于智能家居的控制，线下 O2O 的互动，线上语音购物、语音支付等，互联网智能音箱都没有整合，还是没有戳到消费者的痛点，这也是难以落地到户的原因之一。想成为入口级产品，互联网公司需要在这些方面下功夫。

这些硬件不论是谁作为入口，智能家居是物联网的分支，物联网的属性就是开放，想要对接海量的智能家居设备以做联动，一定要用开放的心态去搭建这个入口平台。互联网公司做的许多硬产品，同质化多，缺少具有差异性且颠覆性高的产品，导致互联网智能硬件市场呈现的是产品多，但亮点少的局面。无论国内的互联网企业还是国外的互联网企业，他们的一举一动都将随着时间的推移对未来产生影响，如蝴蝶效应一般给整个智能家居市场带来巨变。

以生态圈带动产业升级

百度、阿里、腾讯、京东、华为、360、小米、乐视等互联网巨头都在做生态圈，对于中小企业来说，借助互联网巨头的平台资源可以节省不少精力，从而专注于产品本身。

众多互联网企业在布局智能生态圈的基础设施中都有自己的智能云平台，简单地说，大家基础都一样，都在努力拉大自己的生态圈，做自己的生态模式，每家生态圈的建立模式都不尽相同，都有着自己的硬件入口把握，也都在搭着智能行业整体从初创期到成长期的过渡阶段的顺风车，但所欠缺的是多方产品和平台间的深度合作。

在每个企业的智能硬件生态构成并不相同的情况下，让各家企业的产品和服务均处于独立情况，因此目前看来，第三方硬件产品在对接生态圈的时候就非常困惑，但又不得不选择对接多家平台，所以智能家居不仅是通信语言的互联互通，同时平台间的互联互通也是重要突破点。互联网思维下的整个智能家居市场仍处于起步阶段，目前平台内尚无法达到全屋个性定制的要求，仅仅是以现有的解决方案为主，目前也没有绝对的市场领导者。生态圈的构建让上、下游产业链及行业生态开始形成，智能家居硬件已不再是小范围创业者的"自嗨"，产品形态已经逐渐被消费者所认知和接受。

国内平台企业的生态布局

1) 阿里：发挥数据运营经验优势

2015 年初，阿里智能生活事业部正式成立，这个整合了阿里巴巴集团旗下

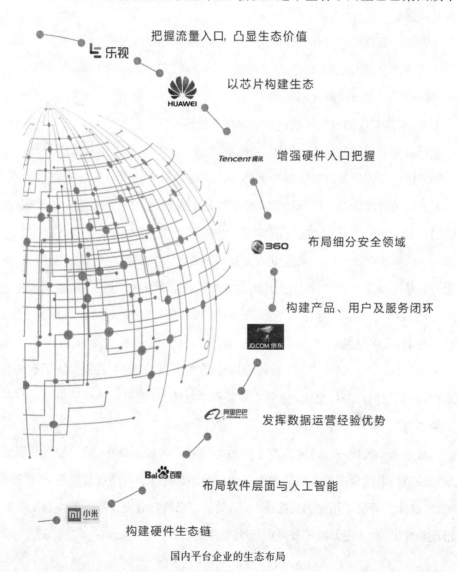

把握流量入口, 凸显生态价值

以芯片构建生态

增强硬件入口把握

布局细分安全领域

构建产品、用户及服务闭环

发挥数据运营经验优势

布局软件层面与人工智能

构建硬件生态链

国内平台企业的生态布局

99

的天猫电器城、阿里智能云、淘宝众筹 3 个业务部门优势资源的事业部，成立之际就引发了业内极大关注。当年，阿里智能不断拓展自己的版图，智能家电的销售占比不断攀升，越来越多的家庭在购买电器时选择了智能家电。而阿里智能和更多品牌的合作，逐渐形成了智能家电由点及面的生态化，越来越多的生活场景被覆盖。

阿里在电商渠道端有着先天的优势，整合众筹平台硬件已经成为阿里布局计划的一部分，都在各自的生态圈形成互联互通，实现各自跨品牌、跨品类的连接，并在产品、用户及服务之间形成闭环。在数据运营方面，阿里有着得天独厚的优势，如消费数据和物流数据的应用落地已经有几年经验。

目前阿里智能已与美的集团、鸿雁电器、中兴通信等企业达成战略合作。作为阿里巴巴集团研发的智能操作系统，YunOS 融合了阿里巴巴集团在大数据、云服务以及智能设备操作系统等多领域的技术成果，并且可搭载于智能手机、互联网汽车、智能车载设备、智能穿戴、智能家居等多种智能终端。YunOS@Home 是一种全新的智能家庭生活方式，YunOS 为其提供底层系统支持、数据能力和基础设施等，阿里智能为其提供服务及场景驱动力。据了解，在未来的发展中，YunOS@Home 将通过 YunOS 系统、YoC 芯片、云计算与大数据的支持，携手硬件厂商一起打通厨卫、环境、健康、安防、影音五大类家居产品。在YunOS@Home 所倡导的全新智能家庭生活方式下，未来的家居产品将不仅会工作，更能与用户进行交流，会思考和拥有学习能力，为消费者提供更加美好的生活体验。

目前来看很长一段时间内各个产品之间都无法实现真正的互联互通，智能家居领域已形成众多品牌格局和设备信息孤岛。再加上产品设计脱离实际应用场景，这大大降低了用户的实际体验感，设备信息的孤立也让数据的流通受阻和出现意外风险，实现万物智联互联成为一种理想。

2）京东：构建产品、用户及服务闭环

京东有着得天独厚的优势，因为京东是传统硬件领域最大的电商销售平台，当电子产品纷纷转型的时候，智能家居硬件也在寻找销售和展示的平台，其中京东就不乏是这样的一个核心平台。京东在智能家居领域的布局主要仿照亚马逊模式，目前在京东智能生态下有京东智能云，将各类硬件厂商、芯片解决方案提供商、应用服务开发者等合作伙伴聚集开发硬件，类似亚马逊 AWS 云。

京东拥有京东来点、智能路由器和叮咚音箱作为硬件入口，而亚马逊拥有亚马逊来点、智能音箱和智能 OTT 盒子来布局家庭入口。唯一不同的是京东拥有微联及 Joylink 协议让产品在京东 JD＋概念下互联互通，凡是带有"京东微联"标志的产品，均可用京东微联超级 APP 管理控制，京东智能 JD＋平台对接的智能硬件已经有上千款，可以说目前的智能硬件平台，京东走在前列。而亚马逊是将自己的语音技术免费开放，让第三方产品主动对接到亚马逊硬件设备上，目前也对接有上千种设备，上万种智能联动方式。总之，国内的智能家居平台最像亚马逊的就是京东，在美国智能家居硬件平台做得最好的就是亚马逊。

3）百度：布局软件层面与人工智能

智能家居是一个由"硬件＋软件＋服务"深度整合的产业链，百度的优势在软件与服务，所以百度生态圈的布局主要在软件和人工智能方面，只输出软件和云，硬件由合作方负责。百度提供多种 SDK 模块，以帮助传统厂商实现智能化升级，并可以使用百度云端数据功能。百度拥有中国最强大的人工智能团队，在对于传统厂家智能化升级的同时，百度还提供深度学习的语音识别、图像识别等来让企业破局"伪智能"，让百度智能生态圈下的智能企业更加具有市场竞争优势，这是其他互联网企业都无法提供的支持。百度在智能化升级中，不仅在硬件的生产环节，还包括大部分的设计环节都由百度来做，如升级的智能路由器，百度负责路由器的后台系统、相连的手机部分，厂家则负责路由的生产制造，设计

由双方面共同协定。百度由于不需要在设计、生产制造环节花太大力气，所以这种特别的模式很容易复制，虽然看似很完美，但是对硬件的掌控力不够。对于市场方面的反馈，由于百度的合作制造方不是业内龙头，所以同等功能的硬件价格都比较偏贵，口碑度不是很好，即性价比不高。

百度的智能家居生态圈通过提供百度大脑、百度云这些高端资源，提供给草根的智能家居厂商一个廉价的方案和平台，靠这个方案和平台吸引智能家居厂商加盟，目前对接的厂家并不多，有点像当年功能手机崛起时候的 MTK，提供廉价方案给山寨厂商，农村包围城市，最终成为低端手机的标准。目前的智能家居作为新生事物，本身有意愿参与的厂商就不是很多，用户的痛点也没有发掘出来。草根厂商并没有强烈的需求要做智能家居，而只是做些尝试。百度的方案再好，没有人用也是空谈，想靠普及推广成事实标准就更为困难。所以百度在智能家居方面的声音一直不大。

4) 小米：构建硬件生态链

"一体化思路"最突出的莫过于小米生态圈，小米模仿苹果在移动互联时代的优质硬件思维，想把物联网时代的智能硬件做全，小米潜心做性价比高的硬件是有目共睹的，从智能手机到智能穿戴，从智能摄像头到智能净化器，从智能路由器再到性价比极高的绿米 zigbee 套装，小米以投资办厂的模式来构建小米生态链，把自己的资源共享给合作伙伴。小米投资了几十家硬件公司，即使现在小米市场手机份额下降，但是对于物联网的布局，小米一直在坚持硬件生态链。

小米围绕智能家居领域做了 OTT 盒子、智能电视、智能灯泡、智能摄像头和智能路由器，但小米路由器和绿米四件套是切入智能家居领域最深的硬件。小米从 2013 年开始做智能家居路由器，目前已经销售几百万台，可以说是目前智能路由器市场的佼佼者，小米在细节上功夫下得比较足，如针对家中访客 Wi-Fi 密码的分享，小米和微信共同开发了微信好友连 Wi-Fi 的功能，通过微信会进行好友认证，避免了路由器主人忘记密码、担心密码泄露或被分享的尴尬；不带强电的、低功率的小米无线放大器，将它插在移动电源使用来扩展 Wi-Fi 无线网络覆盖；将相机插到小米智能路由器上便可以对数码相机的照片进行备份，并按时间分类进行保存，按增量进行备份，赢得了大批摄影爱好者的喜爱。路由器虽然没有屏幕，但是可以把所有屏幕设备当成路由器的屏幕，提供的媒体服务也可以被其他设备所发现。

由绿米打造的传感器套装是其他互联网企业都未涉足的无线硬件，通过 zigbee 协议连接多功能网关、人体传感器、门磁传感器和无线开关，看似很简单易上手的产品实则是对小米硬件生态链进行一次伟大铺路的产品，主要是因为网关，还有其优质的稳定性，就算是传统做 zigbee 无线的厂家都很赞赏其稳定性，可见小米的硬件是很用心的。

小米生态链的危险之处也在于潜心做硬件，现在的时代是智能硬件百花齐放的时候，每家公司都会有自己的擅长，智能硬件供应链特别复杂，很难保证一家公司在每个领域里、每个品类里都做到中国第一，要消费者什么都选择一家是非常困难的。但小米在移动电源领域基本血洗移动电源领域的品牌，也彰显了小米的做高性价比产品的决心与能力，我们也看到加入到小米体系的产品基本都有不错的销量。移动互联网公司大多非常欢迎与硬件公司进行整合合作，小米又是互联网公司又是硬件公司，自身与自身的整合如果在物联网时代成功，可以将硬件的入口形成完美的闭环。小米正在将智能硬件、附加服务以及 APP 作为一个整体综合看待，在智能家居细分领域深耕细作。

5）乐视：把握流量入口凸显生态价值

打造电视生态圈，都在利用市场优势将用户的购物需求转化为平台流量，当流量布局达到一定的体量级，便会凸显生态价值，如乐视的日均 cv 达到亿级的体量。电视和手机一样，不仅仅具有物理属性还具有信息属性，这两个属性是流量入口必备的属性，也就是说电视具有流量入口的潜质，但目前处在与手机PK入户的状态。

现在的家电企业都在试图将智能白电产品装屏，而且屏幕越来越大，三星在智能冰箱上竟然安装了21.5英寸的屏幕，如果说几十寸的电视都拼不过手机或者其他智能设备作为流量入口，其他小屏幕的机会就更加渺茫。

传统电视购物主要以广告的模式，打电话购买为主。而智能电视就增添了很多购物方式，可以手机扫电视产品码购物，可以手动操作电视APP进行购物，电视购物呈现多元化趋势。智能电视在支持各种应用运行、视频点播、网络互动等功能的基础上，数字娱乐、电子商务、文化教育、健康医疗等服务通过智能电视接入家庭，使电视真正成为互联网在家庭的入口，逐渐占据家庭多媒体核心终端位置。

6) 华为：以芯片构建生态

智能家居被华为确定为消费者业务最重要的战略方向之一，自2015年起，华为开始逐渐向外界展示其在智能家居领域的研究成果，包括物联网操作系统Huawei Lite OS、统一的智能设备间标准协议HiLink，以及开放的HiLink计划和多款支持HiLink的智能产品。这里重点介绍HiLink智能家居解决方案：主要在智能模块集成、移动终端与智能硬件交互控制、数据共享等方面布局，最终打通通信互联标准与协议，从而构建华为的生态圈，所以华为的模式最像苹果的HomeKit布局。连接协议的效率和功能就显得尤为关键，Hilink提供智能设备快速上网，能够自动发现设备并一键连接，其入网速度小于10秒，而且Hilink还能够根据家庭的实际情况实现热点自动切换、信号无缝覆盖等功能，其切换过程小于0.5秒。

除了小米路由器，还得提一下华为路由器，从芯片到软件，华为的智能荣耀路由Pro全是自主研发，而且是首批支持华为HiLink的产品，展现了华为在通信领域的积淀，展现了华为在硬件性能、兼容性和连接性上的独特优势。华为通过生态圈想打造智能家居的互联互通，目前最优的解决方案一个是底层芯片模块，另一个是云端。华为准备通过物联网低功耗芯片来打通物联网设备的互联互通，竞争对手锁定为国外的 MTK、TI 等企业，华为站在更高的角度去看待智能家居领域，因为智能家居只是物联网的一部分，运用解决物联网互联互通问题的思路去解决智能家居的问题，也是华为以芯片构建生态的未来。

7）腾讯：增强硬件入口把握

腾讯拥有 PC 端和移动端两个中国最大流量入口软件——QQ 和微信，腾讯在智能硬件领域最大的野心是围绕微信整合各家硬件厂商的终端控制，搭建硬件微信控制平台，主要是 QQ 物联智能硬件开放平台和微信开放平台，将 QQ 账号体系及关系链、QQ 消息通道能力等核心能力及为微信公众号提供行业解决方案或功能优化方案。微信硬件平台正在致力于打造一个硬件互联生态系统，里面的每个硬件都像一个独立的 APP，硬件厂商只需通过微信扫码即可直接连接设备，大大降低了设备联网的门槛，帮助硬件厂商快速触达用户，提高硬件的联网转化率，多领域的微信"APP"解决方案让腾讯搭建了智能家居独有的生态圈，借助微信发力智能家居领域，这是其他互联网公司都做不到的方式。

目前对接的硬件厂家有几千家，设备激活量千万级，其中覆盖了大量智能家居领域的硬件。腾讯可以做到互联网产品更容易互相捆绑尤其是基于 ID，但硬件产品要做到这点几乎没有可能，所以对于微信软件入口提供扫一扫的智能家居控制页面，微信对接很迅速，现在很多智能家居厂家都对接了微信端的控制，但是扫一扫是不用基于 ID 的，相信支付宝也是可以通过扫一扫控制的，对于其他超级 APP 的竞争，腾讯再也难以用 ID 捆绑用户的操作平台选择，因为最根本的硬件选择权不在腾讯手里。所以说，只有软件平台优势的互联网企业，必须要延伸产业链布局，如硬件的生产，增加对硬件入口的把握，目前国外亚马逊做得最好,国内京东比腾讯、阿里做得好。

8) 360：布局细分安全领域

移动互联网时代,智能设备容易受到黑客攻击,很多硬件厂商无法解决潜在的安全问题,360 在安全方面的技术积累在一定程度上能成为其优势所在。所以在智能家居细分领域,一样主打安全牌,如 360 安全智能路由器和 360 智能摄像头是 360 第一步的布局。

我们知道现在市场上最低的 Wi-Fi 模块成本需要十几元,但最便宜的 Wi-Fi 模块莫属 360 的 1 元 Wi-Fi 模块,基本属于免费送,Wi-Fi 模块只是 360 进军智能家居市场的一步棋,认为谁的基础硬件便宜谁就有优势,360 智连模块采用了 SoC 一体化设计,经过短期开发后,可以接入到 360 超级 APP 中,与 360 生态圈中的其他产品进行互联互通,这种“倒贴”的模式无非是想将更多的硬件纳入自己的生态圈中。除此之外,360 还与多家传统家电企业进行跨界合作,助力家电企业的升级转型,另外 360 还拥有自建云,布局智能家居领域。

为抢夺智能家庭生活入口,互联网巨头正各出奇招,共性都在更多地强调产品体系和智能生态的较量,在生态圈的构建之中寻找差异化,寻找生存之道。生态圈很多,方案也很多,内容多种多样,合作方式与企业也多种多样,生态圈的构建都非常有意思,但是没有一家能做得大而全,但是至少能做很大。小生态圈的构建需要庞大的资源,如体育生态圈、儿童生态圈、游戏生态圈、音乐发烧友生态圈,通过资源整合,可以享受到内容更加丰富的服务。

● 传统家电企业的智能化转型之路

智能家电：从电器到网器

从 2016 年的国际消费类电子产品展览会(CES)上,就已涌起智能家电之风,不仅空调、冰箱、洗衣机在热推智能概念,就连榨汁机、微波炉也开始智能化,传统家电公司都在摆脱"硬件制造"的身份向互联网转型,从今年开始,许多转型后的智能家电企业都已开始大批量售卖网器。把人类智慧特征的能力搭载在家电代替人完成某些事情,这样的家电就可以称之为智能家电。

目前智能家电简单解释就是家电入网,让互联网作为基础设施,将电器变成网器,成功的铺垫条件是网络和家电的广泛普及,互联网已经成为日常生活必不可少的"基础设施",但是入网后,大多数厂商只能做到让家电实现远程控制,而且智能家电的价格要比普通家电高出不少,也出现了产品是为了智能而联网、为了智能而智能,其实只是控制方式的变化,离智能还很遥远。下一阶段是实现联动,这需要大量的网器入户,去年家电巨头企业的智能电器销售量可能只有百万台,今年已经迈入千万台的步伐,再过几年就是过亿的销售量,届时,网器的数量和种类在国内家庭环境中都会达到一定的体量,联动将是必然的结果。现在WIFI 模块十几块钱一个,家电入网已经没有任何障碍。但通过 APP 操控智能白电,在一定程度上附带有传统黑电性质,这违背了白电的使命。正在智能化的家电应该多做减法,让用户更加省心省力,并且从使用的过程中体验到智能生活之美。家电企业的智能产品将从百万级迈入千万级,当这些智能产品落地,用户的体验如何? 场景使用率是多少? 价值数据获取多少? 能嫁接的服务有多少?

智能家电作为智能家居的组成部分,能够与住宅内其他家电和家居、设施互联组成系统,实现智能家居功能,这对智能家居的发展至关重要。智能家电应该具备灵敏感知能力、正确思维能力、准确判断和有效执行能力,并把这些能力全部加以综合利用。具体来说包括通信功能、消费电子产品的智能控制、交互式智能控制、安防智能控制、安防控制功能、健康与医疗功能。除此之外,智能电器还应该具有自动监测自身故障测量、自动控制调节等功能,达到真正高级形态的智能。

从模块植入到功能升级

传统家电与智能家电产品的根本区别是感知对象的升级，以前的家电，主要感知时间、温度，随着网络技术和通信技术的成熟和广泛应用，加上信息化的提高，逐渐达到支持智能家电产业大规模发展的水平，互联网基础设施建设与智能化工厂建设在国家的大力支持下，智能家电的迅猛发展便成了一种必然趋势。

传统家电企业面对互联网模式的加速冲击，纷纷积极加快自身转型，今年可谓是智能家电的元年，铺天盖地的智能空调、智能电视的广告，而且诸多传统企业在智能+互联网+产品+服务的智能化战略转型过程中，都已经布局了几个年头，智能产品不是一朝一夕就可以生产出来的，所以现在市面上转型售卖的智能家电产品的背后是整个产业链的全体升级，不是哪一家在做，而是大家都在做，硬件升级后，谁能将生态圈做好，谁才能将市场做好。

互联网企业都在以传统业务为中心，通过提供芯片模块智能化的解决方案，来加大对第三方硬件的互联互通掌握权，互联网生态平台对接的产品多为无线产品，无线产品中又多为 Wi-Fi 产品，并附带各种无线混合组网的智能化产品，主打智能家居后装市场。

家电企业的智能家居生态圈

为了与互联网企业争夺新消费阶级的消费思维和未来的生存空间，这几年传统家电企业的变革都比较大，看到最多的就是产品的智能化，仅靠着产品的智能化能否把握未来智能家居市场，大家都心存问号。

1) 海尔：U+平台助力传统产业升级

海尔 U+通过开放的接口协议让不同品牌、不同种类的家电产品接入平台，实现系统级别的交互。海尔为了转型，下了血本，不仅仅从生产工厂的智能化转型，从传统硬件的智能化转型，而且海尔公司内部这几年都发生着大刀阔斧式的改革，目的都是为了与客户走得越来越近。

海尔的大生态圈便是 U＋平台从硬件到内容到软件到服务的商业模式。海尔针对智能家居建立了许多小生态圈，围绕厨房、美食、空气、洗护、用水、安防、健康、娱乐方面来发展自己的智能家居理念。目前海尔生态圈的对接除了内部小微和外部创客诞生出来的智能家居产品外，还有第三方的产品与服务。但是海尔在对接其他品牌的家电时，虽然扛着互联互通开放的大旗，海尔 U＋毕竟还带着"海尔"两字，其他家电品牌巨头也会自立门户学习海尔 U＋模式。但不可否认，从海尔 U-home 到海尔 U＋，在智能家居领域的家电企业，海尔是先行者。

海尔的小生态圈如空气生态圈的建立，如与可穿戴设备商合作，无需下载 APP 即可控制智能空调；与苹果合作，空调用户可与 Siri 语音交互；与微信合作，建立了用户交互与分享空气质量的平台；可以通过海尔智能电视与在线医生问诊或者获得医疗咨询；与气象平台合作，让用户随时获取室内外温度、湿度、空气质量；与家装公司合作，为用户提供一站式智能家装解决方案。

2）美的：M-Smart 发挥全品类家电产品线优势

为何提美的，美的集团的优势有两个方面，首先是品类齐全的智能家电优势，其次是庞大的用户群体优势。美的的企业背景与海尔类似，都为中国的白电巨头，而且产品线跟海尔一样相比格力都非常全面，产品跨度更大，配套能力也更强，走的也是全路线，对于智能家居的硬件整体升级有着一样的使命，但是美的是后起之秀，2014 年才发布 M-Smart 战略，正式涉足智能家居领域。白电企业有着最基本的困惑，就是没有屏幕，如果要掌握交互屏幕的核心科技需要一定的周期，这也是格力要做手机的原因之一，白电企业要么自己造屏，要么结盟合作，美的 M-Smart 选择了华为的 Hilink 生态，至于为何没有选择美的的股东小米，因为在 i 青春空调后，小米和美的的合作基本停滞。前面说了，第一步是家电入网,全部披上 APP 的外衣实现智能化,手机是最重要的外设。除了手机厂家的合作以外,国外的白电企业潮流就是在传统白电上加屏幕,如三星在旗舰款智能冰箱上增加了 21.5 英寸的交互触摸屏,美的虽然没有三星那么夸张,美的在旗下高端品牌凡帝罗的智能冰箱上也加了小触摸屏幕,除了冰箱还有空调、微波炉等都会配屏,这都是白电企业为了智能化寻找交互流量入口的尝试。想去掉所有的中间层,将所有的数据都掌握在家电企业目前是比较困难的,如何突破流量整合入口是当下家电企业亟待突破的困局。

美的在自我生态圈的建设中,特意布局了 M - BOX 作为 M-Smart 智能家居系统的网关,不论功能有多强大,只能对接美的的产品便是硬伤,普通用户家庭的智能家电品牌一定是五花八门的,空调是格力的,冰箱是美的的,洗衣机可能是海尔的,还有各种品牌的小家电。

所谓的用户需求生态圈就是场景化营销合作的产物,提供各种各样的场景来匹配用户的需求,初始阶段是需要用户自行寻找场景需求,随着智能系统的不断升级,最终系统会定制化的提供用户所需要的场景。各家互联网企业的合作应该不设界限,不拉联盟,不圈圈子,不做核心,广泛地与外部厂商合作,引入资源的同时也在共享资源,与合作伙伴间是互惠互利、合作共赢的关系,但因为企业生态圈的原因,所以都难以不存在利益纠葛。

所有的生态圈都在围绕自己的思路去做,任何产业最终的形态一定是一家或者少数几家独大,将市面上几乎所有的智能家居产品都囊括至其生态圈中去,目前生态圈还处在百家争鸣的状态,对于何种模式能够成功,欧美也没有摸透。但踏踏实实做产品才是最本质的事情,生态圈中缺少好的产品,好的产品也可能在平台对接中疲惫夭折。用户在购买了产品后,不仅要看产品本身用的是什么通信协议,还得看哪些平台支持与其他品牌设备的联动,一样会打击用户使用的积极性。对于传统智能家居领域的企业,互联网的冲击并不是非常大,毕竟目前的智能家居市场多为有线产品,专攻前装市场,而互联网生态圈多布局无线产品,立足后装市场,实际利润目前获得最多的还是前装市场的欧美智能家居企业,中国的互联网与家电巨头们能否借着互联网＋革命,将利润大蛋糕收入囊中,敬请拭目以待。

另外智能家电产品的检测标准以及认证机制尚不健全。国内纷纷上市的智能家电,与普通非智能化家电产品不同的是,除了涉及产品性能及品质等基础3C认证外,目前国内对智能家电基于其在物联网技术的应用、网络信息安全认证、无线频率对消费者健康的安全认证以及用户隐私安全认证等方面均无系统性相关的检测标准及认证机制,对于部分配置入网存在远程使用安全隐患的家电品类,也尚未在智能家电安全认证标准中做出明确定义,所以产品的安全性和可靠性有待改善。国家及行业机构应该考虑龙头企业智能家电发展现状,尽快出台统一的智能家电系统标准,并建立一套智能家电的相关检测标准和认证制度,以推动智能家电的发展,并打破智能家居产业外来"和尚会念经"的魔咒。

厨电智能化与生活电器智能化

厨电阵营,如老板、方太、华帝等都在积极布局以智能厨电为核心的智能厨房生活场景。如智能烹饪系统、能听会说的菜谱式油烟机、APP控制的智能灶具等,通过与互联网公司等通过产品推广、供应链优化、数据共享、产品个性化定制等方面的密切合作,来推动自身的产业化升级以及未来的规模化销售。因为目前国内智能厨电市场尚处于起步阶段,几家厨电巨头的概念产品多未上市,厨电智能产品的占有率也不足5%,但不仅是传统的厨电企业,即使是其他传统的强势品牌以及卫浴企业都在尝试通过开放合作、整合多方资源、抢先搭建智能厨房生态圈,并探索厨房电器的新型销售渠道。

小家电企业也在积极布局智能小家电与智能家居系统,通过互联网化来延伸自身产品线,大型小家电企业可以为C端和B端的连接提供可靠的开放平台,将全面对接大型白电,甚至黑电等产品,通过大面积的智能化覆盖率来教育用户，对于智能家居的全面联动起着至关重要的角色。如格兰仕的 G＋智慧家居战略平台的创建，目的在于搭建一个开放交互的统一平台和生态圈，实现上下游全产业链的同步互联网化和智能化，G＋平台还能与微信、微博平台实现互联互通，同时可以接入其他品牌家电以及居家用品，可以实现与第三方平台包括友商、电商等之间的互联互通。

智能家居控制类企业生存现状

先入为主，能否抢占智能家居风口？

在"互联网＋"的大潮之下，物联网、智能家居行业成了许多人眼中的"下一个风口"。依托物联网、云计算的技术东风，国内智能家居行业发展较快，要说现在的智能家居功能比以前确实强大了不少，但智能家居生产企业都普遍存在一个问题，即在大打智能牌的时候，会突出产品的功能特性，却忽视了操作的便捷性，会注重添加许多华而不实的功能。不论我们的产品或者概念多么超前，或者描绘得多么完美，事实上，当用户的使用体验，或者说生活硬件需求不能得到有效满足，此时产品的定位就已经产生了错位，成为不是真正为了解决用户最终需求而生的产品。大量的创业者、传统企业、互联网＋企业涌入探索。智能家居正如一个新的围城，在围城外的人看着似乎很火都想往里涌入；而在围城内的人似乎很纠结，因为市场并未能得到预期的支撑。表面的繁荣与用户实际需求脱节，导致圈内热乎、圈外冷漠的局面。

什么是智能化的本质？智能是手段，家居是环境，最终是要提升、改善人的生活品质，这才是唯一。但今天的智能界，无论是家电、电气控制、安防还是热火的单品，大家似乎总是着眼于产品的功能，而习惯从个人的角度来诠释这种功能带来的生活改变。沉寂了很多年的智能圈，太渴求获得成功。风向是平台，我们就构建平台；风向是轻智能，我们就上马单品；宣传需要"众筹理念"，我们再次跟上。风到底向哪个方向吹？我们都希望成为那只在风口上的猪。

理想很丰满，现实很骨感。前赴后继的智能硬件产品仍然处在"热在媒体，冷在终端"的现象。其实，是太多的产品没有找到用户的"痛点"。互联网思维的本质是连接，人与人的连接，物联网需要物与物的连接，但其实最终"物"只是载体，我们所需的只是通过智能化的各种产品、各项功能来实现人与人的连接，只有这样"大数据、云计算"才能真正服务于人类，推动社会的进步。

可是当前我们太多的智能厂家，在设计产品的时候习惯从工程师角度出发，老板则喜欢把自己作为用户来研究，以个人的喜好来取舍产品功能。这种"一厢情愿"的结果必然是"无人问津"。

电工电气、可视对讲、背景音乐、电动窗帘、智能灯控等为代表的早期市场设备商主体，也开始以自身的改变来拥抱新的商业机会。

渠道之殇，如何突破智能家居市场瓶颈？

雄厚的移动互联基础，加上便携的智能单品，的确能带来生活品质的提升。但整个行业的推进，完整生态圈的建立不是仅仅靠一家企业就可以做到的。因为家居环境中包含的产品类别太多，随着智能设备之间数据的互联互通，智能家居越来越不依赖于单一入口，可以想象以后会有更多的智能设备实现数据共享，也会有更多的设备开发 API 给其他厂商，从数据融合到技术整合，直至实际意义上的互联互通，最终的结果必然是智能家居的去中心化。这里既需要智能单品的普及推广，更需要传统控制厂家的技术革新，更为重要的是，我们需要成百上千的智能家居系统工程师去设计、安装、服务。

在互联网、IT、家电企业大肆进军智能家居的形势下，终端客户的教育成本大幅降低，高端用户的市场需求凸显，区域客户销售也从原来的"推动"转成"拉推"两端。但稳定产品和可复制方案的缺失仍是当下最集中、最急需解决的问题。

厂商与经销商的差异化定位不明显，让一些资金实力一般、集成能力缺失的厂家举步维艰。这点表现比较明显的是在影音定制安装行业。因为国内的很多影音的"厂家"其实是总代理的角色，在早先"产品缺失"的时代，他们可以通过把握核心产品，快速拓展渠道，但随着定制安装的概念逐步深入人心，客户对上游的要求就不仅仅是产品销售了，更多的是上游是否能提供符合市场需求的产品配置和解决方案。一些资金实力不错的区域集成商，甚至都在寻求角色的调整。

一些国内智能家居企业方向性迷失。在看到"轻智能"得到投资圈的追捧后，一些传统智能家居企业赶紧调整产品种类，推出类似 Wi-Fi 插座、多功能控制盒、路由器等产品，大肆发展电商平台。而对于之前辛苦建立的渠道市场缺乏关注，使得大批通过国内产品培养的经销商转做更小众，价格高昂的国外智能产品。在智能硬件厂商完成和传统企业的联接，以及云平台的布局之后，传统智能家居企业一方面不能找到定位核心点，一方面又流失了具备后续潜力的渠道市场的话，那基本上是给自己做了个"死局"。

这两年更加热闹的集成市场中，区域集成商在渐渐抛弃"大集成"的概念，转向"贴近用户需求，重视用户感受，追求用户口碑"。通俗来说就是，我们在找到意向客户后，不再像以前"堆砌"太多的智能产品给用户，而是从用户实际出发，需要安防的做好安防配置，需要灯控的保持控制稳定。这种转变的原因也很简单：避免太多的售后服务，集中优势做好最擅长的一部分。经销商变得理性、务实，这是行业发展的基础，而这种"优势集中"的思想也与厂家近年来的产品思路不谋而合。

渠道经销商从一线城市和省会城市，准备向二三级市场下沉，延伸覆盖。围绕装饰装修市场与建材业界的伙伴展开充分异业合作，锁定中高端市场中用户智能影音需求；面对充满诱惑力的房地产规模化配套应用，提炼方案调整策略，期待新的突破。

明确产品定位，C 端与 B 端市场需求明晰

不得不说，当前有太多太多的智能家居产品都没有目标客户，仅仅是将日常大家常用的设备智能化，希望通过全新的面目来应对消费者的需求。殊不知，仅仅将产品融合的互联网功能还远远不够，且拥有"智能"功能的家居设备价格成倍翻涨，无疑打消了消费者对智能家居行业的热情。部分从事智能家居行业的商家，并没有以用户的需求为出发点，而是以自己的想法为需求导向，工程师的思维显然与用户的实际需求难以对接。用户在选购智能家居产品时是不明确的，不知道自己遇到的问题有没有产品可以解决，只能是在了解完产品的需求后，看是否满足自己的要求，这大大增加了消费者选购的难度。

经过几年来的市场沉淀，我们看到一些可以单体应用的产品开始脱颖而出。电动窗帘、背景音乐、智能锁，甚至于进口中控产品的第三方配套模块和诸如通电玻璃、室内高尔夫等等并非智能系统本身的应用似乎在智能家居圈找到了自身的销路。围绕 B 端市场业务，发挥各自定点生产（OEM）制造、提供解决方案、模块供应等各方面之长。我们看到产业链上很多企业互为合作伙伴，第三方厂商面向集成商搞零售，面向厂商搞批发，似乎也可谓尝到了跟随市场成长的甜头。然而，集成应用空间毕竟有限，近两年来的家庭背景音乐市场经历了前两年的快速发展后，大多进入了发展平台期，往行业外延伸成为很多厂商寻求突破的方向。在整体集成市场无法迅速做大做强的情况下，其他行业遇到类似瓶颈，也可能只是时间的问题。

面对碎片化的 C 端市场，在使完了设计师、装修公司、弱电公司、开发商、运营商几个大招之后，真正能够支撑集成业务立足点更多的还是集中于设计师层面。面对有限的销量，早期纵横于市场的国内外品牌纷纷收紧战线和调整战略，甚至面对有兴趣合作的渠道商家，也早早对销量下了不乐观的预判。然而，C 端市场并没有因为他们的离去而沉寂，反而在智能硬件创业与招商加盟热的影响

下，显得前所未有的热闹。面对智能家居的投资热，谨慎选择之余，我们也看到这股热浪也在不经意间影响到了终端消费者对于智能家居的初体验。不管是DIY能手的身边出现了价位亲民、功能强大的硬件单品，还是准备装修的消费者被销售人员说服，装上智能锁和背景音乐。我们看到更多在终端耳熟能详的品牌一个接一个高举智能家居的大旗，强势地推出智能家居产品为智能家居市场带来了新的变化。传统集成渠道中，积累了丰富用户体验的集成商也开始尝试走从边缘产品向核心系统的产品之路，实现心中难以割舍的"厂家梦"。具有生产制造能力的厂商也发现可以将这一厚重优势转化为助力行业发展的"智"造力量。除此之外，云平台服务商、软件定制服务商的陆续出现也使得产业链层次日趋丰满。

智能家居对接落地应用服务

智能家居O2O即把产品销售和售后、服务和"服务后"业务，还有生产加工等环节，用智能家居上的互联网工具打通，让客户和潜在客户通过线上线下的任何方式，都能满足自己的需求。O2O突破了传统的管理与服务半径，让商家和用户都体会到了便利，仅仅几年的时间，O2O外卖已经改变了餐饮格局，智能家居硬件落户互联后，尤其是整合了入口流量的产品会承载更多服务，很多经营模式就是O2O，即利用线下场景做营销。如使用智能家居硬件叫出租车、语音买菜买衣服、点外卖、语音支付、医疗预定、物业建议、物流查询、叫电梯、停车取车的模式。智能家居用户的所有的满足都会来自线上与线下的充分链接。

互联网企业在O2O的服务层面上具有得天独厚的优势。但是，目前各领域的O2O都存在烧钱的现象，其根本原因是没有想好运营模式，在"廉价经济"向"品质经济"过渡的过程中，没有将内功修炼好。如Uber在中国烧钱最终被滴滴收购，亚马逊2 000万美元投资的"美味七七"生鲜O2O倒闭，饿了么外卖O2O优惠今年优惠力度大幅缩减，等等。因为互联网平台上商品雷同、营销方式雷同、会员和客群也都雷同，所以抢占市场基本就是靠价格战，用户自然而然养成了"只买促销，不买商品"的习惯，智能家居硬件入口将是未来 O2O 企业必须争夺的高地，手机流量在逐渐被智能家居流量入口转化的同时，将会有大量的 O2O 企业转战智能家居流量市场，这将促进智能家居对接的服务落地，也会促进智能家居设备的使用附加值。在转战市场的同时，O2O 企业会将自己的产品、运营和品牌的内功做到极致。

● 智能家居的前装市场与后装市场

智能家居前装集成市场

现阶段，智能家居集成项目仍然比较多地集中在高端住宅和公建项目当中，而系统稳定、功能延展性丰富的总线产品无疑在前装项目上拥有得天独厚的优势。十年前的智能家居只是指电气安装，没有如今种类繁多的可穿戴设备，更是缺少 Wi-Fi 终端设备的支持，对传统家电的控制也没有更多应用的功能。

所谓"前装"是指与住宅装修同步，所应用系统更多意义在于住宅基础应用系统，需要与前期的布线规划、水电改造和功能设计相结合。举例说来，总线系统应用，在灯光回路上不同于传统的强电控制方式，所有灯光回路需要接入强电箱，开关面板间"手拉手"联接。即便是无线系统，考虑到系统后期稳定性，很多情况也需要零线接入开关，而单火线开关在改造项目中也需要面对原有的双开环境。

与装饰装修同步的智能家居前装集成，需要考虑到与装修风格、用户习惯等结合，往往需要专业团队参与设计施工。面对智能家居集成商在别墅、大平层住宅中更加青睐于总线或总线与无线相结合的解决方案，单纯的无线智能家居系统应该如何更好地在第三方系统集成方面满足集成商需求？如想要更好地满足第三方集成的需求，必须在完善自身系统的同时开放协议如 API 或 SDK 等，但如企业在系统还不成熟的情况下开放，则会给第三方集成带来很大的难度，同时也增加企业自身资源消耗。其次要做好产品的市场定位和渠道的选择等。

集成商选择布线方式的出发点非常明确，即在保障系统稳定性的前提下，降低布线复杂度和施工成本。无线智能家居系统要满足集成商的需求，就必须先从这个基本的出发点入手，打消集成商的顾虑。需要解决好超远距离无线信号传输问题或多堵墙壁、楼层的穿透问题。

可以肯定的是完整功能的智能家居系统，一定是"前装"的。其中有太多的功能，需要在家装时进行，因此无线智能家居产品系统和总线系统一样，无论是今天还是明天，主要应用市场还将集中在"前装"市场。当然，智能家居产品系统的部分功能是可以"后装"的，无线的产品具有简单、方便的优势。随着消费者开始接受智能的理念，由点及面，由碎片到整体，将是智能家居进入千家万户的发展历程。期间，无线智能家居产品品种将越来越多，应用领域也越来越广泛，产品更趋于简单、可靠。

集成商在别墅和大平层项目中青睐总线或总线与无线相结合的解决方案弥补了纯无线系统在稳定性方面的不足。智能家居发展已经走过十几年，现如今开始逐步从卖奢侈品转变为卖消费品。很多房地产公司和装饰公司开始关注平层智能家居应用。精装修普通平层项目中智能化标配逐渐成为别墅、大平层以外更具潜力的集成应用市场。

智能家居后装消费市场

过去的十年间，整个智能家居的定义已悄然发生了变化，这对传统行业的厂家也不失为利好，未来要求厂家将更多的协议实现互通，带来更具实际意义的功能应用。

曾几何时，相比于总线系统主导的"前装"市场，蓝海的"后装"市场和改造项目市场才是无线智能家居产品在宣传中突出的亮点。然而，这一传统市场定位却一直受困于高企的价格因素、功能的延展性受限和跨越技术协议的系统集成。更加亲民的价格、着实方便的安装、更为吸引人的外观设计，这一切变化让"冰封"的家居"后装"市场在不经意间感受到了来袭的智能单品热浪。

轻智能或微智能其实是从另外一个角度去看智能家居，是基于用户个别应用的热点，从而提供满足用户个别需求的产品或进一步提供满足用户多个需求热点的产品及系统。从技术实现角度看，是 Wi-Fi 浪潮对传统无线实现方式的冲击，虽然 Wi-Fi 存在一些不足，但在用户心目中，Wi-Fi 的认可度远高于其他各种无线解决方案。从用户成本上，微智能的产品发展，有助于分割传统智能家居中产品、安装、调试等服务费用，从而更具有价格的优势。

在穿戴设备、智能手机、智能电器不断更新迭代的过程中，伴随用户认知与习惯改变的过程，无线智能产品与系统将获得更多的用户数量与快速增长的市场前景。从用户角度出发，通过无线产品可以在后期根据自己的喜好和需求，通过增加产品或升级软件进行更多的功能扩展。在智能平台与不断推出的智能单品背后，更接近于"满足用户意想不到的需求"。

第 5 章 智能家居控制入口的选择

◉ 智能家居多元化入口

智能家居集成应用功能需求

在现阶段用户接受度较高的智能家居集成应用功能中,影音集成、家庭安防、智能灯光以及以背景音乐、电动窗帘等为代表的单系统第三方设备占比相当,成为当下智能家居集成项目应用的主要功能延伸。

家庭安防因其突出的刚性需求要素,成为不少终端用户在智能家居功能选择时的首选要素。影音集成和智能灯光系统则凭借各自在细分功能化领域中的特色应用备受关注。

控制方式也日渐多元化,从最为直接的墙面开关面板、遥控器,无感操作的传感器与手势控制,在智能终端不断丰富状态下 PAD 与手机上安装的 APP 也成为智能控制的重要选择。除此之外,近年来受关注度不断攀升的智能语音、机器人以及 VR 等都成为智能家居多元化的控制入口选择。

用户最感兴趣的智能家居功能有哪些?

不同于家庭安防大多依赖于对第三方产品的集成,影音集成和智能灯光是目前智能家居集成商市场的设备厂商的重点发力方向,大部分智能家居集成设备厂商的产品关注点主要也集中于此。在此基础上,对于用户最感兴趣的智能家居集成功能,也多是围绕家庭安防、影音中控和智能灯光展开的相关应用场景。

智能灯光控制是智能家居发展历程中不可忽视的重要系统组成,在相对长的一段时间里,由于智能家居外延应用相对缺乏,智能灯控一定程度上承载了智能家居的主要应用功能。而在这一阶段,智能电工电气类企业也成为智能家居前装集成市场的主要力量。对于灯光的控制,此时的开关已经跨过拉线开关向墙面指压开关与大翘板开关,迈进智能化应用的新阶段。

家庭安防针对别墅、大平层和普通住宅自然有着不同的功能需求和对应的产品。不同于别墅项目和大平层中部分偏商业的应用需求,普通住宅的安防需求更多来自与小区物业的结合,以及智能摄像头、智能猫眼、智能锁和各种家庭安防传感器的应用。当然,与智能灯光系统的简单联动,也可以制造有人在家的场景,起到一定的震慑作用。

一如用户对于家庭安防存在差异化需求,影音中控在私家影音房中整合音视频源、播放设备和空调、灯光、新风等基础系统以外,面对更大范围的客厅影院潜在市场,也同样需要为抢占客厅中的影音娱乐需求,整合相应的基础控制功能。灯光与影音设备控制自不可少。

由此可见,在当前智能家居应用功能中对于智能灯光的需求,别墅、大平层用户关心的是场景的营造与系统的联动,而普通住宅对于灯光的智能化需求同样存在,更多情况下可以视作以无线技术形式满足简化版的智能灯控需求。

智能单品大大降低用户体验门槛

近年来,以智能插座、红外遥控学习、智能门磁、空气检测等为代表的"智能单品"或被称为"轻智能"产品的出现,以及其在电商渠道和众筹平台的销售,大大降低了普通用户使用智能家居产品的成本门槛。与此同时,也进一步提升了智能家居应用在用户层面的消费认知。针对此类产品用户的接受程度也多在数百元范围内浮动。

我们注意到大量智能硬件单品的出现，在操作方式上大多围绕手机为中心，通过 APP 具体操控。一则由于手机是最为普及的智能终端选择，二则 Wi-Fi 的联接方式也是现阶段直连的首选，以智能插座上的应用尤为具有代表性。不过，在过了最初的新鲜劲后，我们也发现单一应用功能对于用户的黏度毕竟有限。因此，业界厂家开始围绕单品产品的系统功能延伸做文章。红外遥控、空气、安防传感器应用、甚至 Wi-Fi 音箱与网络收音机产品开始出现，与此同时，通过智能模块应用，空调、冰洗、生活电器开始更多具备了智能化的联接与功能。然而，在这万物互联的大趋势下，原本便在家庭环境中必不可缺的照明应用自然也不能缺席。

智能家居常规操作入口应用比较

1）开关面板：不可或缺的高频操作入口

通过开关对电气设备进行控制的用户习惯由来已久，操作直接、老少皆宜。

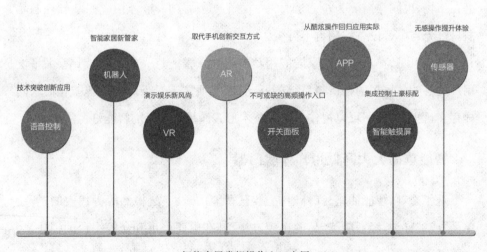

智能家居常规操作入口应用

更为重要的是在品质化生活趋势下,对于装饰风格的统一,开关面板也是其中必备要素。尽管近年来各种全新交互方式层出不穷,一时间有声音认为在智能家居的演进过程中,开关面板可能消失?

当智能家居回归生活,成为日常高频操作的时候,我们发现最简单的方式,其实也就是最常用的方式。此外,应用于家庭生活基础上的智能家居更需要考虑家中每一位成员的操作需要。

在从传统面板到智能面板的过程中,也出现了不少采用触摸操作,冠以"水晶面板"的各种钢化玻璃或亚克力材质面板。不过,其在操作体验上往往不如传统的翘板开关直接。在一些智能化集成项目中采用高端复位开关,或是通过干接点方式沿用普通开关的方式也得到了不少集成商的采用。而智能无线开关也开始在功能应用以外考虑用户本身的操作习惯,在这一家庭环境中最为高频的操作入口中,一些具有传统电工电气制造基础的厂商优势开始凸显。

2) APP:从酷炫操作回归应用实际

APP 成为智能家居领域最广泛的操作控制方式是源于智能手机的快速发展,苹果 iPad 的出现更是大大降低了用户购置智能终端设备的成本。整体系统的集中操作、用户层面的系统编程与用户数据的管理都可以通过 APP 轻松实现。手机、iPad 控制各种电器设备,一时间也成为不少厂家的宣传卖点。

然后,当体验回归实用,我们发现通过 APP,需要经过解锁手机,找到 APP 并进入,找到相应操作按钮等多个步骤。同时,目前很多 APP 还是简单地将遥控器界面照搬到手机上,很大程度上造成了用户操作的不便。尽管不少手机厂家对 APP 操作进行了最大限度的优化,力求做到立足于手机本身,音量键在 APP 使用状态下可以调节控制设备音量,甚至于将影视内容源植入 APP 投屏于播放设备。不过,这一切似乎并没有一个具有学习功能的遥控器来得方便、直接。

事实上,在私人影音房这类特殊环境,光线昏暗、设备繁杂,通过 APP 调取各种置于本地播放器或 NAS 中的高清音视频文件,从操作需求上看通过 iPad 也更为适用。除此以外,面对很多情况下只有较少视频源设备的客厅环境,用户场景对于 APP 的需求强烈程度并不突出。

随着 APP 应用的日趋普遍,不少集成设备厂家开始将其用于现场安装过程中的工程技术人员调试。另一方面,在互联网平台的智能家居布局中,超级 APP 将控制所接入的智能设备,进行远程管理,实现各种不同品牌、不同种类的智能硬件互联互通。更为重要的是通过此 APP 收集到的上亿用户的消费行为数据,基于授权,开放给第三方,可以根据数据开发出硬件以外的服务,如健康咨询、健身服务等。通过 IFTTT 方式实现,不同家居设备的状态自动感知和互联互通控制。当然,这也是极好的用户购买入口。

3) 智能触摸屏：集成控制土豪标配

智能触摸屏可以视作开关面板与 APP 在墙面的整合表现,可视对讲室内终端、墙面触摸屏、嵌入式安装 iPad 套件、多功能场景面板都是其在具体产品上的体现。此外,中控厂家往往还推出了置于桌面的触摸屏产品。

除了房地产楼盘项目标配的可视对讲室内终端以外,其他触摸屏设备大多需要用户自行购置。智能触摸屏产品是系统中所有操作功能的集中体现,在系统设计中往往是用户对某一区域控制的集中体现。换句话说,主要是在重要区域为了控制需要而安装,不会像开关面板那样随处可见。毕竟成本因素也是需要考虑的,当然土豪用户可任性选择。

以可视对讲终端为例,其操作频次相对较低。尽管在可视对讲厂家对智能家居的布局中,室内终端一度被给予家庭网关和控制中心以厚望,但是除了为楼下单元门开门以外,用户很难再有机会跑到玄关用这一终端进行其他操作。加之,对讲系统和 APP 的应用结合也不断丰富,在用户已经可以通过手机终端解锁单元门的情况下,对于室内终端的操作频次可能还将进一步降低。

4) 传感器: 无感操作提升体验

在由家庭自动化向智能家居的演进过程中,无感操作将给用户带来的是跨越到另一个层次的应用体验,日臻成熟的传感器技术在其中发挥至关重要的作用。人体红外传感器、温湿度传感器、可燃气体传感器、门磁与窗磁、水浸传感器、光照传感器、风雨传感器、红外幕帘、对射、陀螺仪,甚至近年来日渐火热的甲醛和 PM2.5 检测等。除此之外,可穿戴设备的快速发展也为智能手环与智能手表数据与智能家居系统的联动创造了可能。

传感技术是实现智能家居各参数探测的重要环节,传感器种类及品种繁多,检测原理也各式各样,再加上智能家居行业缺乏统一的检测标准,这些都增加了传感器的选型难度,使得不少智能家居设备商难以高效地选择最合理的传感器。此外,智能家居行业也缺乏统一的评价体系,使得传感器使用者无法真正了解传感器的质量,很大程度上遏制了传感器的推广。

对消费者便利和家庭自动化的需求推动了对采用智能传感器的家用电器的需求。现代家庭越来越依赖于智能技术,采用先进传感技术的智能家电技术使同步通信和控制成为可能。非接触式传感器的输出信号选项包括位置感应信号和线性或旋转感应的比率量度输出值。这些信号可以提供瞬时响应,从而确保更严格的控制和更好的分辨度,带来增强的感应精确度。对于安装传感器的空间非常有限、狭窄,这一点尤为重要。

非接触式传感器在整个电器寿命中可提供改善的可靠性和耐久性,因为它们不受机械触点机械磨损或氧化积累的影响。此外,这些传感器不会因许多家用电器中常见的温度和湿度变化而受到影响。智能家居市场的增长引发了对先进传感器技术的需求。微控制器的使用、家庭自动化的增长、能源价格的上涨以及对低价电器的全球需求都帮助、确立了非接触式传感器在家用智能家居电器市场中的地位。

5）语音控制：技术突破创新应用

语音识别技术就是让机器通过识别和理解过程把语音信号转变为相应的文本或命令的技术。目前,对于语音控制类的智能硬件产品在很多场景下因语音交互体验不如人意而深受诟病,究其原因主要是受空间距离、背景噪声、他人声音、回声、混响等多重复杂因素干扰,进而导致识别距离近、识别率低等明显痛点。

随着智能家居市场的发展,国外的 IT 巨头们已先后以智能家居产品与语音相结合的方式进入智能家居领域:谷歌收购 Nest 布局智能家居,不断强化 Google Now 的语音入口,并推出 Google Home 对标 Echo;苹果 HomeKit 智能家居平台与 Siri 也不断加强融合;市场上流行的 Echo 智能音箱使用了亚马逊的 Alexa 语音技术;微软也发布语音助手 Cortana,将它作为智能家庭领域扩展交互入口。从这些国外科技大佬们对语音产业的重视和投入,可以看出智能语音与智能家居的融合是大势所趋,业内普遍认为语音作为人类信息最自然、最便捷的交互方式,必将成为未来智能家居设备中的重要组成部分。在国内,语音巨头科大讯飞早已宣布进军智能家居市场,并于今年 3 月携手京东成立合资公司——北京灵隆科技,推出其生产的第一个产品——DingDong(叮咚)智能音箱,除了具备音箱的基本功能,还可以作为语音助手,更是智能硬件的控制中枢。

虽然说语音交互是最直接、最简便的控制方式,但我们也不能单纯为了语音而语音,抛弃了"智能"的初衷。最理想的智能化操作方式应该是语音、手势、行为习惯和身份识别综合性的交互控制。假设我们已经拿起一个智能终端设备,然后再对着它发出一些开灯、关灯的指令,就有点画蛇添足了,既然已经有了第一个动作,何不直接触发按钮呢?

语音控制的目的是为了解放双手,但是解放双手的同时,也要考虑在控制过程中,是否有一些反人类的行为习惯,是否符合正常的生活状态。所以,要打造出更好的用户体验,语音交互的主要切入点还应该从唤醒、搜索和查询几个方向入手。

当然,由于中国语系、方言相当多,所以不同地区的人使用语音控制识别率差异较大,语义识别在很多场合上下文的关联将会带来识别的学习难、定位难和建立模型难等问题。目前语音控制近场容易,但远场识别过程、环境的噪声识别、语音的回响过滤以及声音的方向性识别都会变得困难。每个行业都有它的独特性,难以建立有通用性和针对性的识别模型。

如今,用户的使用习惯已被逐渐培养起来,语音控制越来越成为人机交互的刚需;在传统行业巨头全面布局智能化转型的过程中,语音控制和联网设备也正在成为家电行业的标配。未来,智能家居整体解决方案将成为推动智能家居行业进步的关键所在,而面向普通大众的用户体验将决定成败。

6) 机器人:智能家居新管家

2016 年,是人工智能的元年,人工智能概念在猝不及防的 AlphaGo 事件中家喻户晓。但目前人工智能的伟大胜利仅仅限于棋类游戏,在智能家居领域,智能家居机器人作为下一个入口概念也被点爆,从春节的智能机器人事件让中国家喻户晓。智能家居的机器人开始在各个智能家居公司对接,今年的智能家居机器人公司也如雨后春笋般遍布全国,从语音到云的对接工作已经初具规模。不过,人工智能无法比拟人的创造力,今天没有人会跟计算机比计算,人最宝贵的是创造力,分工层次的聪明可以让人与机器协作做到更高层次的契合,通过更加高级的生产力方式来创造出更多的生产价值。即便是家用机器人在未来和智能家居会有更加具有体验感的融合,但充其量也只能成为智能家居中的管家,而绝非是主人。

7) VR:演示娱乐新风尚

虚拟现实(virtual reality, VR)技术,也称人工环境。利用电脑或其他智能计算设备模拟产生一个三度空间的虚拟世界，提供用户关于视觉、听觉和触觉等感官的模拟，让用户如同身临其境一般。对很多专业人员来说，远距离形象地表达概念和创造态势感将是 VR 应用的强大驱动力。不过，目前 VR 硬件和内容都未取得行业性突破，虽然硬件取得较大的发展，但在沉浸感的用户体验上，问题还是明显，交互方式以单一的蓝牙遥控器为主，这种交互方式并不自然。加之普遍存在的眩晕感，易造成用户不适，无法长时间佩戴。这就使得 VR 和智能家居的结合，至多集中于场景演示阶段和娱乐手段。

8) AR：取代手机创新交互方式

增强现实（augmented reality，AR）技术。一种实时地计算摄影机影像的位置及角度并加上相应图像的技术。这种技术可以通过全息投影，在镜片的显示屏幕中把虚拟世界叠加在现实世界，操作者可以通过设备进行互动。但 AR 技术还处在发展的初期阶段。

AR 因为并不排斥现实世界，因此可以在任何地方使用。自由是最大的优势，但 AR 需要比手机更具移动性才能有竞争力。这意味着需要不受限制的平台、电池能用一整天、语音和数据服务具有移动性。如果 AR 不能打电话或覆盖外部 Wi-Fi，那就不能取代手机。

智能家居用户使用习惯与交互方式的变化

2016 年初，《2016 中国智能家居用户数据报告》发布，智能开关面板高频操作入口优势凸显。如今，大部分的智能设备都配置有 APP 操作软件，手机一度被视为智能家居的最佳载体，理由很简单，手机是目前用户带在身边时间最长的一块屏幕。报告分析认为，开关面板作为传统的控制方式选择，因其操作的直观性和根深蒂固的用户习惯依然成为最受青睐的控制操作方式，特别是当用户处在居家环境中，使用开关面板的便捷性无疑比需要多次解锁交互的手机 APP 更高,此外,对老年人和儿童用户来说,开关面板也有其特殊优势。在数据因素以外,遥控器作为早期智能化的体现,在一些特殊的应用场景中也比 APP 等新操控手段更为便捷和直接。

随着控制技术和交互方式的不断发展,智能家居控制方式也呈现出多元化发展的趋势。在传统产品智能化升级的过程中,APP 成为走向智能化的必备要素,也开始被众多终端用户所认知。此外,不断成熟的语音控制与传感器技术也为广大用户提供了无需手动操作的新兴控制方式选择。

市场上各种宣传影响,加之智能家居多系统与丰富功能延伸的属性特质,让用户对于智能家居的认知并不清晰。现阶段,市场业态逐步形成,前装集成市场与后装消费市场存在产品定位差异,用户对于品牌、功能和需求的认知正处于形成过程中。

针对不同场景需求的用户,对操作方式的选择自然存在较大差异。开关面板作为常规直接控制手段,相对于其他新兴控制技术方式,在日常使用过程中处于高频操作的状态。特别是开关面板产品对于传统用户习惯的延续具有不可或缺性,在此轮智能家居发展浪潮中具有巨大的发展潜力。

● 场景化趋势下操作入口选择与用户体验

智能家居集成项目价格趋于理性

《2016 中国智能家居用户数据报告》中通过集成商问卷,重点了解目前多数用户能够接受的智能家居系统价格区间分布,经过了解分析,5 000 元以下区间的,多为选择单一系统或通过单品型产品后装改造的用户。普通平层用户可接受价格区间多为 1 万~3 万元区间和 3 万~5 万元区间,这也和当下不少智能家居厂家针对大平层用户的智能化方案定位相吻合。

不过针对此类方案，在一些非精装项目中，同样也需要考虑水电改造等附加成本要素，以及智能化预算在整体装修预算中所占的比例。此外，10万元以上区间多为别墅或复式住宅用户，尽管此类项目总量有限，但单一项目的智能化造价却十分可观，且代表了集成系统在功能延伸与个性化体现方面的较高水准，这也是目前集成商群体竞争的主战场。

不得不说的装修预算比

从用户装修预算比角度分析，通过调查数据显示，在选择智能化应用的用户中，近七成用户对于智能化的装修预算在15%范围内。结合整体装修预算，大致可以估算，并呈现智能家居系统在不同类型住宅中的功能形态与系统形式分布。对于整体预算金额较高的大面积住宅用户，智能家居系统在无形中产生部分刚性功能需求的同时，也同样有一定的预算空间作为支撑。

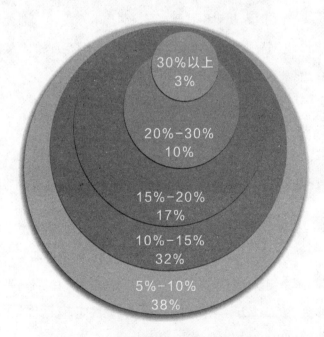

装修预算比分析

举例来说，一般装修预算百万元计的别墅项目中，投入十余万元实现集成的灯光控制、电动窗帘、设备联动和客厅影院等，是目前集成市场较为常态的定制安装形式。而针对普通住宅，在一些动手能力较强的 DIY 用户层面，通过电商平台自购遥控开关、智能插座、红外转发、传感器设备以及智能摄像头、扫地机器人、智能电器设备等，其花费大多在几千元上下，万元以内。各大通过智能硬件创业切入智能家居领域的厂商往往也都拥有自身的粉丝群体，在各种 QQ 群与论坛中也常年聚集了大批超级粉丝。

开关面板：不可或缺的常规入口探讨

分析智能家居各大常规入口和新兴入口，智能家居作为家庭基础应用系统，必须要考虑用户使用习惯，触手可及满足高频操作的需要。在家庭互联互通系统中，开关面板不同于其他可集成设备，更需要保持选择的一致性。

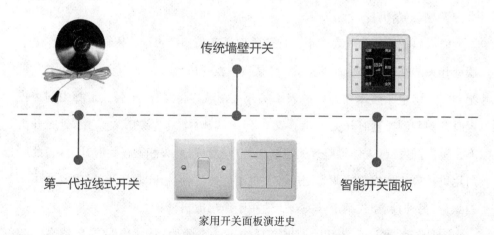

传统墙壁开关

第一代拉线式开关

智能开关面板

家用开关面板演进史

回顾开关面板产品的发展史，与科技的进步和生活品质化的提升密不可分。随着爱迪生在一百多年前发明了电灯座和开关，开创了开关、插座生产的历史。德国电气工程师奥古斯塔·劳西进一步提出了电气开关的概念，正因如此，早期的开关插座生产厂家主要集中在美国和欧洲的发达国家。

第一代拉线式开关用的是机电技术和齿轮机械运动的原理，拉动即开，再拉即关，这是一种简单的电源开关控制，这些开关大多简单且比较廉价。在20世纪80年代的记忆中，我国墙壁开关插座行业进入发展的新时代，相继形成了以浙江温州和广东为主的开关插座生产基地。到了80年代中后期，随着国内经济技术的发展，第一代开关开始逐渐被淘汰。

90年代，第二代指压式开关出现在我们的生活中，开始不需要拉线，只需镶嵌在墙壁上，这样便增加了房屋的整体协调与美观感受。同时，这种开关采用的按键设计也比较耐用。第二代开关流行了十年左右。随着生活水平的不断提高，国人对开关的要求也逐步提高，第三代开关开始进入市场。

第三代大翘板式开关采用了与指压式开关相同的设计原理，只是在外形和工艺上寻求突破，与装修设计潮流共同升级。如大部分大翘板开关都采用了夜光条，在黑暗的环境中令使用者能准确找到开关的位置；这类型产品使用方便，大方美观，至今仍被广泛应用。

而后以智能化为代表的下一代开关面板产品初涉市场。智能开关是在电子墙壁开关的基础上演变而来的，是对原有翘板式机械开关颠覆性的革命。20世纪90年代，电子技术才开始进入墙壁开关领域，起初仅用于公共走廊中的声控延时开关和触摸延时开关。到了2000年人体热释传感器的广泛应用，延时开关有了重大的发展，人体感应开关逐渐代替声控延时开关和触摸延时开关，与此同时用可控硅相位控制的调光调速开关也孕育而生，旋钮式调光开关，主要适用于白炽灯，另外，旋钮式调速开关开始适用于风扇电机。

智能开关被认为是开关发展变迁的下一个阶段，技术含量越来越高。智能开关不同于传统开关之处在于，利用控制板和电子元器件的组合及编程，以实现电路智能化通断的器件。比如智能墙壁开关、免布线开关，提供场景联动、智能延时、遥控、触摸开关和手势控制等创新功能。打破传统机械墙壁开关的开与关的单一作用,除了在功能上的创新还赋予了开关装饰点缀的效果。

近年来,居家生活已发生了重大的变化,越来越多的家用电器设备进入家庭,极大地丰富了人们的生活,控制它的还是简单的机械开关,所能做到的也只是简单的一开一关,无法按照不同电器特点来进行相应功能的运行,这也在一定程度上触发了智能开关新的功能需求。

尽管在此轮智能家居发展浪潮中,各色智能产品层出不穷,加之互联网平台与更多传统企业的加入,也让智能家居得到前所未有的关注。然而,尽管市场反响火热,但不少智能家居类新产品在快速迭代的过程中生命力有限。

智能家居通过十多年的发展积累,也亟待从沉淀中转化为具有实用性、体现刚性需求的应用功能。在此,我们由上述调查中,从用户端具有一定刚性需求存在的智能灯光入手,具体研究其在智能家居系统中的产品形态与发展定位。

光源、灯具与开关的有机组合组成了照明系统,早期在智能灯控系统的发展过程中,一直以来都是开关厂商扮演着智能化的主导。随着照明巨头的广泛关注,以及 LED 等为代表的技术发展,也为智能灯控的发展带来强大的推动力。不过,可以明确的是在此过程中,开关面板存在着不可取代性。由普通开关面板发展成为智能开关面板势必会对现有的装饰装修设计、布线方式等产生全面的影响。

从普通开关面板到智能开关面板的发展,早期也由国外高端产品引入国内市场开始,在高端住宅、高档酒店项目中落地应用。随着市场趋势的逐渐形成,国内传统企业投以关注的目光,与此同时,也形成一批借由智能控制衍生出的新兴品牌。不过,考虑到开关面板产品本身所存在的技术门槛与工艺要求,以及另一方面,对前期尝鲜用户而言成本并非考虑的决定因素。因此,进口产品特别是传统开关面板巨头具有一定的品牌选择优势。而国内传统企业的后发关注,以及与相关智能控制企业的资源整合，势必将提升智能面板的制作工艺，降低制作成本，为更广范围内的市场覆盖奠定基础。

用户选择开关面板的决定影响因素

开关与开关之间组成网络，而这种通信技术组网的方式，实现异地控制方面，简单地说就是本地开关可以控制异地开关上的灯。用户可以选择开关与开关之间需要有信号线（弱电）连接的有线版开关，这个适用于水电还没有开始的阶段，因为需要考虑弱电布线的问题。当前有线版智能开关一般采用各种总线技术，而且可方便地跟主流的中控主机相结合，从而升级成整体智能家居控制。

相对于有线版，无线版主要的优点就是不需要布信号线，开关与开关之间直接通过无线信号连接组网。有些用户因为水电布线已经完成，无线版智能开关便是改造项目的最好选择。当前的智能开关，不管是有线还是无线，很大一部分组网形式，即首先需要一个网关设备，然后从由网关发出信号，去控制各个开关。网关一旦出现问题，自然会影响系统的运行。不过，厂商在此方面也早有考虑，目前很多智能开关，都可以在系统故障状态下，继续发挥普通开关的作用。

在用户选择智能开关面板的过程中，设计师和集成商推荐与其自身家居功能需要为最主要的决定因素。而在一些精装项目中，作为楼盘卖点的智能家居，自然对灯光控制的需求不可或缺。

与此同时，电商平台上出现的智能开关面板产品，低至几十元的无线射频开关与触摸开关也成为很多新装修用户考虑尝试的新选择。相比之下，传统线下渠道多为中老年用户与对智能系统并不热衷的普通用户，其渠道本身定位多为传统产品。不过在越来越多的家用灯具中，我们注意到遥控功能与智能灯效开始出现。

智能开关功能选择倾向

调查用户对于使用智能开关面板的应用功能需求集中在场景控制、集中控制与融合控制方面,这也是智能开关面板区别于传统普通开关面板的特色功能所在。

集中控制的应用使智能开关突破了传统开关的单控、双控和多控的控制功能,甚至可以实现在某一开关面板对全屋灯光的控制,以满足大面积住宅和空间中的灯光控制功能需要。即便在别墅中的某一间卧室,也可以在晚上睡前,足不出房间就可确认,或关闭其他公共区域的照明。

当然,对于这一场景需求,场景控制或许可以更全面地满足客户需求,一键进入睡前场景,公共区域灯光、窗帘自动关闭,安防传感器布防,指定区域门窗确保锁好。用户则可以在渐弱的轻音乐与灯光中,逐渐进入梦乡。更为丰富的延伸应用来自床垫或佩戴手环中的传感器监测到用户进入睡眠,确认关闭灯光与音乐,根据睡眠曲线的规划,甚至还可以调整空调与暖气的温度,兼顾健康舒适与节能环保。

这一切也得益于智能家居系统对于空调、地暖和新风等环境设备的融合控制,用户不再为墙面上大大小小的中央空调、背景音乐和开关面板所烦恼。一个智能终端屏幕搞定一切,且不影响整体装修风格。其他面板设备装入检修口或隐蔽安装,通过场景来控制复杂的多设备联动,为用户带来实实在在的便捷与舒适。

智能面板控制技术方式

面对智能家居一直被期待的规模化应用,在不可或缺的智能面板技术方式选择上,总线面板凭借总线系统在前装项目中的稳定性和功能延展性优势,占据了三成以上的比例。在无线方式方面,单火线和零火线方式,分别在灵活性与稳定性方面各具自身优势。无源无线产品以其独特的技术特色，开始受到越来越多的关注。而早期进入国内市场的电力载波产品很大程度上受制于电力线环境因素，其所占比重较小也折射出当下的市场现状。

1）无线技术选择趋于多样化

对于智能开关面板的无线控制技术选择，近年来备受关注的 zigbee 技术和射频 433 技术所占关注份额较大，Wi-Fi、蓝牙、Z-Wave 等其他几类控制技术分布情况相当。

无线型控制面板直接为强电接入，控制模板与开关构件大多采用一体式设计，使其控制部分的厚度较之传统机械开关要大一些。目前市面上主要产品接线方式为单火/零火方式，技术类型以 zigbee/Z-Wave/RF433 射频/Wi-Fi/无源无线等为主。场景面板在无线系统中的应用，多为直接接入供电，或采用电池供电形式。智能开关面板代表品牌与产品分布，如表 5-1 所示。

表 5-1　智能开关面板代表品牌与产品分布

电动电气品牌	鸿雁	思远系列	zigbee（零火/场景）
		微智能魔法盒	Wi-Fi（零火）
	施耐德	奥智系列	zigbee（单火）
	ABB	i-家	zigbee（单火/零火/场景）
		Free@home	总线
		i-bus	KNX 总线
	Control4	zigbee（零火）	
		RS485 总线	
	罗格朗	奥特	zigbee
		奥特 BT	SCS 总线
			KNX 总线

续　表

集成控制类品牌	河东 HDL	buspro 总线	RS485 总线
		KNX 总线	
		2.4G 无线私有	
	GVS 视声	K‑BUS	RS485 总线
		KNX 总线	
网销产品	KOTI	RF433 射频(单火/零火)	
	BroadLink	TC2	433MHz 射频(单火)
	绿米		zigbee(单火)
	幻腾		2.4G 私有协议(零火)
	领普		433 + wifi(零火)

2）总线技术选择关注前装市场需求

2015 年以来，围绕房地产项目配套与大平层项目应用的总线型智能家居系统产品在市场上不断增多，在出现的不少新品牌中，RS485 总线产品占据多数。以 KNX 总线为代表的国际标准协议，则以系统丰富的认证产品选择空间见长。

总线型控制面板，为弱电接入，与整体智能系统相结合，实现相应的控制、场景功能，联动其他配套设备，拥有丰富的功能延展性，以 KNX、Lonworks 等国际标准协议或在 RS485 总线协议基础上的私有协议为主。

另外，我们并未深入提及的电力载波技术，实际上在国内智能家居市场发展的初期，X‑10 与 PLC‑BUS 也都先后登场，扮演过初期产品的角色。然而，受限于国内的电力线环境和当时的技术条件，早些采用电力载波技术的厂家也纷纷淡出市场。尽管目前市场上仍有零星企业采用这一技术，但整体规模有限。

智能开关面板市场现状

相比传统开关面板，广大渠道商在日常销售过程中发现智能面板可以提炼出的主要卖点集中于智能管理和便捷操作方面。在家庭环境中对于节能的应用需求并不突出，对于家庭室内照明而言，所存在的用电量也比较有限。同时，作为体现科技感的智能产品，具有时尚且不同于传统的产品设计也必不可缺。

具体到智能面板的操作控制方式，控制屏幕操作式与亚克力/钢化玻璃触控式是目前市场上的主要产品形态。不过，沿用传统控制方式的复位按键式有着用户固有操作习惯的自身优势，并且此类面板在制造工艺方面也有着更为深厚的市场积淀。非接触手势控制式的应用优势在于酷炫的操作方式，在商业演示和特定操作场景中拥有优势，但在家庭实际应用中，仍存在有待完善的空间。

现阶段市场上主要的智能面板同样存在一些制约发展的问题，包括产品价格较高、系统稳定性差、产品颜值低、用户认知度低、系统兼容性差和制作工艺不高等。

● 影响智能开关选购的相关因素

应用成本降低，价格更趋亲民

价格因素首当其冲，相比售价在十几元至几十元区间的传统面板产品，智能开关面板动辄几百上千元的市场售价，不由让一些用户惊讶。当然，最主要的还是在结合产品稳定性、制造工艺、产品系统兼容性等方面带来的综合考量，让普通用户感受到的产品附加值有限。同时，单一智能面板产品在非场景化应用中，也很难带来太多区别于传统面板的功能延伸亮点，这也造成了现阶段用户对于智能面板的产品认知水平较为有限。

随着传统企业的关注不断增多，以及创新创业的推波助澜，加之扁平化的电商渠道,我们看到智能开关产品,特别是应用于普通住宅的无线产品价格不断趋于合理。而在集成市场占有一定份额的总线开关及控制模块产品,在国产品牌逐渐涌现后,同样在价格上更趋亲民。围绕精装配套,如可以在前期完成布线,将极大程度地降低应用成本。

突破新系统应用阻碍,发掘潜在市场

最为重要的是,不同于其他控制系统与配套设备,用户对于智能开关面板所延伸的灯光系统的稳定性要求不言而喻,对于智能化所可能引发的故障风险也处于"零容忍"的状态。传统机械式开关产品以机械构造实现电路通断,而智能开关则是由电子系统驱动。

无线开关中单火线产品则更需要考虑到负载设备的稳定性,从而保证杜绝频闪现象的出现。总线系统中,厂商通常也要考虑到在中控主机或控制模块发生崩溃的情况下,前端面板产品能否依旧发挥普通开关的效用。

无线产品存在的稳定性问题,总线产品存在的配套水电改造成本因素等,以及相对于传统双开、多控在装修水电改造过程中的用户习惯尚且存在应用影响因素。

不过,我们也欣喜地看到,在以房地产精装为代表的规模化应用领域,开发商也愈发关注智能化应用所带来的品质提升。与此同时,迎合年轻消费群体需求的互联网家装也不忘与智能家居的亲密接触。目前存在的应用瓶颈或许可以在另一个维度打开更具潜力的市场。

此外,开关面板类产品本身存在的技术门槛、传统厂商积累的供应链管理经验,并非其他相关企业短时间内可以突破的。因此,我们注意到一些互联网企业与创新创业型企业在智能开关面板方面的产品线规划也相对谨慎,并不会轻易触及此类产品方向,而是寻求相关合作或通过智能灯泡、智能插座等产品进行局部体验延伸。这在另一方面也构成了电工类厂商在新的生态格局中的产业分工机会。

● 智能开关面板发展趋势

关注细分产业链市场配套需求

传统企业与互联网平台的关注极大地带动了智能家居的消费认知，智能开关面板产品通过多元化的销售渠道与消费终端更加贴近，从而更有利于扩大用户群体、收集用户需求，提升产品品质。

在互联网平台试水智能家居、家电企业智能化转型、智能化创业浪潮此起彼伏的当下，智能开关似乎也成为绕不开的一个重要细分应用。结合智能家居是系统而非具体产品的基本属性，面对智能开关面板这一常规高频入口，更加需要拥有专业设计和制造能力的电工企业，迎合市场需求，推出合适的产品来拥抱互联网+趋势下的新变化。

以智能开关面板为代表的专业电工产品不同于普通消费电子，在安全性等方面有着严格的相关标准。同时更为关键的是，开关面板走向智能化，但仍然担负着家庭基础电路系统的控制重任，绝非可以在日常生活中快速迭代和频繁更换。

在这一轮的智能家居发展浪潮中，智能开关面板也受到诸多企业关注，但不管是互联网平台，或是创新企业，在此方面也是相对审慎的。我们能看到的主要智能面板产品大多来自电工类企业或具有一定积累的控制类企业。具体到细分产业链中，传统企业仍然发挥着重要的生产制造作用。

发掘规模化配套与潜在消费市场

智能开关面板产品作为传统开关面板的功能延伸与体验升级方面，历经了多年来的用户体验收集、技术应用沉淀和制造工艺积累，在万物互联的趋势影响下，必然会为广大用户带来更实用化、品质化、场景化和智能化的应用体验。

考虑到装修过程中，面板产品的一致性需求，墙面面板未来所承载的或许除了控制开关以外，还将会有更多的功能延伸。此外，立足于灯光控制本身，面对总线与无线的差异化应用，面对不同的负载设备，面对差异化的调光需求，以及用户交互体验需求的不断提升，都存在诸多功能延伸点。

智能家居多系统功能延伸的本质，将进一步决定行业未来的发展，由单一产业链的整合转变为各个生态圈间的融合发展。智能开关面板产品作为智能家居灯光控制系统不可或缺的入口，面临着在互联互通浪潮下，与跨界企业充分延伸合作的机遇。

智能家居别墅、大平层前装集成系统中，对于灯光的智能控制是多年来积累下的系统刚需应用，在控制方式、负载类型、调光方式等方面均已积累了丰富的应用经验。在全屋智能的发展趋势下，围绕后装消费市场和潜力巨大的普通住宅领域，智能开关面板则需要与更多第三方系统建立起更为有效的联接与互动，使之在装饰装修和改造市场方面能够得到消费者的真正青睐。

第6章 国内外智能家居企业的发展之路

国内外智能家居企业的品牌之路

Control4 的品牌之路

Control4 成立于 2003 年,坐落在美国犹他州盐湖城,Control4 脱胎于 Crestron(快思聪),但却早已完成了在家庭领域的全面创新,是美国智能家居领域内唯一仅靠专门从事智能家居产品的研发、生产和销售的上市公司,于 2013 年 8 月在纳斯达克上市。Control4 得益于模块化的配置与强大的扩展功能,十几年的时间已经在全球近百个国家,销售安装了几百万台基于 zigbee 无线技术的智能家居产品。Control4 通过对 zigbee 工业自动化无线传输和自组网技术的成功家庭化应用,使得家庭的智能控制系统更加简单地进行安装和扩展,并随着与影音娱乐系统的深度整合,无论是施工方还是消费者都能在 Control4 系统中寻找轻松和有趣的体验。

Control4 耕耘于智能家居行业已经有 13 年,拥有大量的自主技术专利和核心产品,Control4 的中国品牌之路始于 2010 年,依托其在国外领先的技术方案及工程经验,加上近几年贴合本土化的品牌宣传与产品的推广落地,才得以成功在中国生根发芽,并达到国内行业内非常好的品牌知名度,已然成为世界智能化知名大品牌。目前为止,Control4 全球市场的业务分布中,80%以上是住宅项目,不到 20%属于商用或者工程项目,其中,工程项目大多是类似餐厅、酒吧、办公室等一些公共场所。

Control4 如何从家庭智能化品牌辐射到工装项目?其中住宅客户可能是老板或者职业经理人,可以从自己的朋友圈分享到 Control4 带来的智能化家居体验,通过口碑相传,他可能在自己家居、公司或者餐厅等场所选用 Control4 的解决方案,所以说住宅和商用是相对互补的,这两类客户也有一定的相通性。虽然商业工程项目的 90%资源来自 Control4 家庭住宅类产品,但通过合理的转化应用,一样可以获得好的口碑。

从规模上来说 Control4 也在逐渐成熟,今年全球销售额大概在 2 亿美元,仅美国市场就占据半壁江山的销售额。Control4 经历了美国短期的智能家居股市泡沫,在 Nest 被收购的那年初,Control4 的股票曾经一路飙升至 31.45 美元,2015 年经历营业额大幅下滑后跌入最低谷,最近一年又重整雄风,股票收复至 11 美元盘位,可见在所谓最成熟的美国市场,Control4 也依然只是在缓慢增长。

鸿雁的品牌之路

鸿雁是带有央企血液的制造型企业,作为央企中国普天家族的一员,鸿雁的优质基因可以追溯到晚清的 1906 年,时值"实业救国"的口号大行其道,清政府设立北京电话局"铜匠处"。此后,在历史的长河中,邮电系统也逐渐发育成熟:1938 年,中央军委三局组建"延安通信材料厂";20 世纪 80 年代,邮电部决定成立"中国邮电总公司",也就是中国普天的前身。在这层层"进化"中,邮电系统得以发育成熟,鸿雁电器的前身——原中国邮电工业总公司接插件经理部,于1981 年在杭州小和山麓应运而生。1982 年,鸿雁电器在中国大陆率先开发 86型开关插座,主导编制电气装置新国家标准;1999 年率先开发中国第一款家庭信息箱产品，至此奠定鸿雁在建筑电气领域的卓越地位。2010年，鸿雁进军LED照明行业，以"智慧照明"概念引领行业发展，近6年公司研发投入占销售额比重均在7％以上，6年的辛苦布局让鸿雁在智慧照明领域取得了长足的进步，2015年开始提出智能家居生态圈战略，以及随后的iHouse智能面板系列产品的不断丰富，使鸿雁成为国内智慧照明与智能家居的先行者之一。

在品牌效应上，鸿雁从电工到智慧照明，从智慧照明到智能家居，通过整合大品牌资源，立志打造"中国智能电气全产业链领导品牌"。鸿雁明白未来国内智能家居领域的领导地位，需要以更加踏实的基础去构建。2016年，鸿雁用100天的时间，围绕墙装式智能家居技术，完成167项专利申请，这其中，发明专利达到82项，占比接近50％。鸿雁的策略是站在行业的制高点去布局未来的品牌地位，目前智能家居行业的品牌性尚处于竞争的初期，品牌的建立需要跟产品创新不断结合，才能立于不败之地。而成为稳定的一线品牌不仅要有核心技术，更要把技术及时地保护起来，以应对日益激烈的市场竞争。

豪宅别墅的场景应用以及高端奢华的定位使得智能家居概念一直游走在上层社会中，尚未形成市场的普遍认知及广泛应用，市场存在很大空间和消费潜力。市场造就品牌，鸿雁品牌之路量身为普通用户打造，将会迎合越来越多的用户对智能家居期待和诉求的井喷的势头，这是品牌风口的契机，随着鸿雁通信技术的逐渐发展和功能应用的多元化拓展，最终将会打造全中国智能终端应用的广泛普及的局面，届时鸿雁品牌将会站在整个行业的制高点。

智能家居品牌效应凸显

鸿雁与Control4都一直致力于为用户提供更方便、舒适、安心的生活，以及更加极致地操控与体验生活，品牌符号深入人心。鸿雁更加倾向于覆盖更全面的全宅布局，而Control4则以家庭娱乐为中心覆盖智能家居控制。鸿雁和Control4都主要以网络与zigbee为中心，配合RS485有线通信方式的融入，让整个系统的扩展更加具有柔性化功能,从而提供多元化的控制功能,如灯光、窗帘、空调、背景音乐、家庭影院、安防、监控的集中控制和管理。

无论是 Control4 也好,还是鸿雁也好,消费者无疑是决定品牌与产品生命力的仲裁者,好的产品未必能树立好的口碑,好的品牌也未必能占尽优势。中国的智能家居市场尚处于初级阶段,未来的品牌淘汰与树立也必将变化莫测,只有当用户需求量爆发、市场成熟时才会形成真正的品牌帝国。所以在此期间,好的经营理念对于品牌之路的布局至关重要,要重视资源整合,不断寻找增值服务的切入点,开拓行业内牢固的合作伙伴以及自身的软实力。

在智能家居新的商业模式形成之时,品牌效应将凸显,谁占据更多的入口资源规模,对入口资源具备把控能力,并不断地升级操作系统,加速体验迭代,谁就能以更开放的合作心态去吸引足够多的资源,避免依靠单一服务提供商,谁就能拔得头筹,获得高占有率,在此转型与竞争过程中,无论是传统企业还是互联企业都有机会。

🌐 国内外智能家居企业的产品布局

Control4 的产品线布局

Control4 采用 zigbee 无线传输技术作为控制核心技术,因为是无线施工,无论新家旧家,针对不同的房型和房间都可以灵活使用。主机采用的是功能堆栈原理,在不同时段都能依照消费者的需要以软件编程满足其功能需求。鸿雁 iHouse 系列智能面板采用 zigbee 无线传输技术,但 86 型智能面板底盒具有原位替换的特点,使其在灵活施工方面比 Control4 更胜一筹。高频使用、零学习成本,可以直接替换智能设备的功能,zigbee + 86 标准完全切合中国普通家庭的智能化升级改造的根本痛点问题。

对于消费者最关心的还有产品的价格问题，Control4 的智能家居系统都能由基本设备开始建构，再逐渐扩充堆叠，消费者不会因为预算或其他问题而止步于起点。最便宜的 Control4 EA－1 控制主机和 SR－260 遥控器套装仅售 600 美元，一只简单小巧的盒子，加上一个万能遥控器和一个 Control4 APP，可以管控家里的蓝光机、卫星电视盒、游戏主机和电视机等所有影音娱乐设备以及照明、温控器、智能门锁等智能家居设备。预算控制和功能扩展对于用户未来的需求增长以及培育都是非常好的模式，再加上 Control4 模块化的施工方式，几个小时就可以搞定一套 Control4 智能家居系统。

Control4 的惊人魅力不仅局限于传统单调乏味的智能控制方式，更重要的是将功能的演进依托于一套不断升级完善并发展的软件系统，非常像苹果的 iOS，从而在智能家居领域打造出类似 iPhone 和 iPad 一般的成功。Control4 驱动开发商 Chowmain 为 Control4 开发的各种驱动如虎添翼，集成了数万种 APP，包括最新的入口级产品的整合，如 2016 年 11 月初刚刚发布的 Google Home，Control4 已然将其整合，可以实现语音控制温控器、灯光明暗以及电视频道的切换、整屋的背景音乐开关等功能的控制，整个整合过程通过 Chowmain 的驱动研发对接，已通过 IFTTT 将 Google Home 打造成为 Control4 系统的语音控制入口之一，如此迅速的深度整合让消费者的体验与时俱进。

4store 应用商店是 Control4 系统得以功能大幅扩展的必杀器，4store 的整合其实是将手机应用搬进 Control4 系统中，从而实现智能家居系统中也有优质的 APPs，让用户随意下载安装实现随意连接，在此之上，还能畅享 Control4 带来的娱乐、能量控制、安防、窗帘、灯光等应有尽有的智能家居功能。用户通过电视或者 Control4 触摸平板即可登录 4store 商店进行下载 APPs，为了提升 APPs 体验，Control4 还推出了 10 寸大屏幕触摸控制平板，可以对所有系统中的受控设备进行控制。

Control4 还拥有一个必杀器——SDDP 协议，即单一设备发现协议（Single

Device Discovery Protocol)，应用此协议无需授权费，任何厂家都可以将其融入到自己的设备中。只要这些加入 SDDP 协议的设备在家庭局域网中，网络中的 Control4 主机就会自动发现它们并将其连入到系统当中，实现互联互通的智能控制。目前，Control4 已与使用这种协议的 100 多家公司进行合作。产品互通的机制很简单，如你买了一台打印机设备，需要用 PC、Mac 发现并连接它，只需要在云端下载相应驱动安装，定义设备名连接便实现了打印控制。Control4 带给家居生活类似的体验，无论是灯光、音乐、小家电，还是电视机、温控器等都可以实现自发现加入 Control4 网络。举个例子，SONY 的一款电视机目前也加入了 SDDP 的协议，将它通过网线连接到家庭路由器上时，Control4 主机就可以发现它，这种通过 TCP/IP 的控制方式保证了传输的稳定性和完整性。

产品方面，Control4 一年会有 2～3 次的软件和系统升级，并且每一次升级都会伴随新产品的面市。从整条产品线上的布局来看 Control4 除了注重基础功能的开发，对于新技术的融入也与时俱进，智能语音的控制功能已经对接了苹果、谷歌和亚马逊语音功能，完美实现由 Siri、Echo 和 Google Home 的控制，已然实现了从无线遥控器、控制键、触控面版、iPhone/iPad、电话、电脑网路到语音的控制。

鸿雁的产品线布局

鸿雁有 35 年的电工经验，以电工电气、照明电器、智能电气、水电管道四大产业为依托，在硬件产品的生产和研发上有丰富的经验。鸿雁借助家喻户晓的开关品牌特性，以开关面板作为智能升级的入口。从 2014 年的鸿雁 Wi-Fi 智能插座开始，随后又推出了可以让用户自由 DIY 的魔法盒系列微智能产品，当时仅包括智能插座、智能开关和智能遥控器。随后鸿雁开始越过智能家居产品与系统处于离散孤岛、维度相对封闭的 1.0 单品时代，直接进入以平台网络为依托

电动窗帘系统　　　　　　　　　　视频娱乐系统
家庭局域无线承载网　　　　　　　　音频娱乐系统
智能安防系统　　　　　　　　　　　智能灯光系统
温控系统　　　　　　　　　　　　　家庭局域无线承载网
健康环境监测系统　　　　　　　　　智能安防系统
电动窗帘系统　　　　　　　　　　　温控系统
智能开关　　　　　　　　　　　　　健康环境监测系统

鸿雁的产品线布局（用户价值中心）

的 2.0 时代，在鸿雁自己的产品平台中打造出思远 2.0 系列和 iHouse 智能家居系列产品，开始真正走向系统级智能家居解决方案的布局。其实鸿雁的智能家居系统并非简单集成，而是各产品风格高度的统一、功能上互联互补，并且对于第三方产品或系统的融入也恰到好处。

以思远 2.0 与 iHouse 两大系统打造的鸿雁的智能家居 2.0，包括很多子系统，如：安防监控包括远程防范入侵监控与报警的 86 型墙面摄像头、烟感报警等；健康管理包括通过电磁辐射管理、空气质量、温度湿度、VOC、光照度监测等的外置式环境监测中心；能源管理的智慧控制系统，实现家用电器的远程遥控、定时开关的智能插座；智能照明通过一键触摸场景式面板与光自适技术相结合，为用户提供舒适光环境的调光调色温面板等。从产品方面能够实现路路相连，从数据纬度方面出发，以智能面板等固定端为核心的数据交互和以手机等移动端为平台的数据安全及远程管理，这样把移动端跟固定端进行有效的整合，最终延伸到鸿雁的固定端策略。

为了结合中国特殊的家庭环境，对于大多数中国普通家庭而言，信息箱是智能家居系统普及的一个重要起点，是整个智能家居系统的核心部分，负责将户内、户外各种信号进行交接配置，家庭信息箱完全满足宽带社区智能家居布线系统对数据、视频、语音、抄表、楼宇对讲、家庭自动化等出入线端口管理需求。如要在某处安排某一个插座（如电话/电视/电脑等信息插座的暗盒），就需要从家庭信息接入箱内布一根相关的线，用穿线管暗埋，布到信息点上，与原来家中布埋电线相类似。在需要使用设备的地方预留接口，这样，当用户在变更设备位置和未来增加设备时，只要轻轻一插就能将设备连接完成。

以信息箱为基础，鸿雁打造了智能化的 SHC 智慧家庭管理中心，将外部网络与内部网络，小区网络与家庭网络，集成楼宇对讲、安防健康、照明控制、环境监测、能源管理、无线路由、云储存于一体的入口级智慧家庭管理中心，SHC 集成了一块液晶显示屏，所有设备的操作都在液晶屏上完成。SHC 集成了网络、楼宇对接、安防、照明、电动窗帘等系统，并提供有线、无线的扩展接口，支持系统的扩容和扩展。SHC 将部分智能家居功能集中到一个家电设备中，使智能家居系统家电化。比如，回到家中，只需在液晶屏上轻轻一点，即可打开家中预设设备，撤防报警功能，轻柔音乐响起，热水器启动，一键享受家庭的温馨；早上离家时，轻轻一点，所有灯光、热水器、插座关闭，安防启动报警功能，进入布防状态，一键享受安全无忧的生活。

至于 3.0 时代的产品将是鸿雁产品的终极形态，该阶段的智能家居不仅具有家庭自动化简易的操作手段，能够完成家居设备的自动化运转，而且提升传感器与控制器等元件在家居设备的使用效果，具备一定的感知、学习等智能化的能力。虽然未来产品仍旧能够创造价值，但是附加值不在制造本身，也不仅仅局限在产品设计、使用体验和审美需求，所谓的终极形态便是要使消费者改变现有的生活方式，让智能家居承载信息无时无刻不带给用户价值，让智能家居获取的数据反馈在用户生活的方方面面。

全屋智能用户需求痛点

我国智能家居设备市场的供需矛盾主要体现在智能家居设备的功能无法满足消费者的需求，产品成本与价格不亲民，用户选择智能家居产生的成本包括用户购买产品的费用支出、自身时间精力的消耗以及承受产品自身所具备的风险都大大增加，消费者想让智能家居为自己服务，结果却发现自己在服务产品。消费者更关心的是产品的易用性和可靠性，而不是产品的科技含量到底有多高，易用性和实用性才是智能家居设备成功的关键。可见，鸿雁和Control4的产品设计理念恰好切中用户需求痛点，在易用性和实用性上下足了功夫，因为产品是所有增值服务得以实现的基础，亦是智能家居发展的第一步。这第一步之内获得竞争的优势，靠功能、靠体验也靠成本的把控，而差异化优势正是鸿雁成本的竞争性优势。

鸿雁和Control4都以TCP/IP网络通信协议和zigbee为核心技术基础发展产业，独有无线施工、无线（限）扩充，并辅以有线控制作为补充，消费者可依据自己的经济条件设定居家智能化程度。虽然鸿雁的iHouse产品具有智能单品的性质，但是当用户把它们像交响乐一样协调合作，便能体会到智能生活的真正魅力。从产品线上来看Control4和鸿雁，都有着单一而强大的平台韧性，无论是平层还是别墅，甚至普通家庭用户，无论新装还是改装，都可以让消费者容易上手体验。鸿雁和Control4都借助其独特的资质与优势，快速集成新技术，敢于在行业内开拓变革带动整个产业的发展，已然达到不可否认的相同经营理念。

其实鸿雁和Control4都在牢牢把握用户想要的需求，不用开槽布线，不改变整体家居环境，简易安装，轻松实现智能化改造，就这样简单。将全宅智能化功能整合至一个操作界面，减少繁冗复杂的操作。目前智能家居系统大而全，安装调试过程复杂，全宅智能方案基本属于"私人订制"，使用户有一种似乎被科技绑架生活的感觉，或者有着产品价格与功能不相符的感觉，随着无线通信产品的发展,无线系统为主、有线系统为辅的时代正在由鸿雁和 Control4 来开创。

对于无线系统的产品,除了丰富的功能性以外,用户最关心的还有产品的稳定性,鸿雁与 Control4 都充分在稳定性的基础上去架构产品,因为稳定性才是整个系统生存的根本,是影响用户体验最为关键的一个环节,产品没有稳定性,一切皆为空中楼阁。从品牌的稳定性到产品的稳定性再到服务的稳定性,整条环节鸿雁与 Control4 有着共性。除此之外,鸿雁对整个智能家居系统的灵活性、响应度、延迟性、便利性、精确性、容错性也提出更高的要求,并且尽可能地改进和增强系统的可靠性。

虽然未来的智能家居产品将越来越多地与服务绑定在一起,产品将不再能够独立存在于互联网世界之外,目前的互联网服务主要嫁接在 APPs 之上,也就是说目前的 APPs 是智能家居产品功能不可缺少的一部分,这种"产品+ APP"模式的不断优化获得了鸿雁与 Control4 的高度重视。

◉ 国内外智能家居企业的场景应用

视频娱乐系统

家庭智能化影音系统尤其是客厅影院系统近几年迎来了前所未有的发展高峰,Control4 最注重的是影音室、家庭影院解决方案,所以 Control4 在美国家庭智能化、家庭影音控制领域稳居第一位,目的不仅仅是让某一个对科技设备感兴趣的人使用,而是让家庭所有成员都能够轻松实现智能控制。Control4 在智能家居场景的影音场景解决方案中,常见的是用户可用一台视频源设备来播放节目,让多个电视机收看,用户可以将宽带网络上的电影传送到电视上收看。

在中国,相比智能手机而言,遥控器是家中使用最频繁、最普及的小设备,从2 岁小孩到 80 岁老人,都会轻松使用遥控器;相反,智能手机和各种平板电脑却有很多朋友不会使用或者使用率很低。通过 AV 整合，将所有控制整合在一个终端遥控器上，避免用户烦琐的遥控控制。遥控器的整合让成千上万的媒体娱乐空间和影音室，不仅仅由一个人操作，而且易于让家里的父母、亲戚朋友都来操控这些设备，以感受非凡的智能化娱乐体验，从而获得享受媒体娱乐带来的生活乐趣，随着 4K 的流行，Control4 的 4K 影音解决方案也逐渐成熟。

鸿雁的 iHouse 智能插座与智能魔法盒系列，都拥有万能红外转发功能。智能插座也可通过 APP 远程控制各种家用电器，实现便捷化操作；魔法盒系统配置的红外学习转发器，用于控制各种红外遥控家电，如：电视机、机顶盒、空调、净化器等。无论是老人、小孩，甚至残疾人，都可以无障碍地实现智能电器的傻瓜化操作。

音频娱乐系统

除了影院，Control4 其次重视的便是多房间 HiFi 音乐体验，多房间音乐可以在多个区域同步播放高保真音乐，家庭多房间音响系统可以在任何一间房间里包括厨房、卫生间和阳台布上背景音乐线，也就是通过多个音源，可以让每个房间都听到美妙的背景音乐。当然，如果有的房间不想听也完全可以，因为每间房都单独安装了小控制台，可以控制这间房的音乐开关，并可调节音量大小。从流媒体到个人收藏，应有尽有的音乐体验是家庭智能化需求的痛点。Control4 整合了大量网络娱乐资源，如 Deezer、TIDAL、Napster、Rhapsody、Pandora 和 Spotify 等的流媒体音乐，TuneIn 的网络电台、播客、脱口秀、新闻和体育节目等，除了网络资源，对于传统或卫星广播的覆盖 Control4 也一样可以做到，受到广大乐迷们的喜爱。

鸿雁"思远 2.0"配置有 86 底盒墙面式蓝牙音响，86 mm×86 mm×35 mm 安装方式，音箱模块可以连接墙壁收音机，通过蓝牙与手机相连，打造 2.0 墙面音箱，手机内音乐直接推送播放，还可以播放调频/网络广播，可以在厨房、卧室、洗手间等各个房间听歌，为音乐爱好者打造丰富多彩的娱乐空间。

智能灯光系统

灯光是许多家庭做智能设计的常见诉求，如今家庭对灯光的认识已与以前大不相同，以往灯光的主要功能在于照明，现在更多家庭除了考虑照明之外，还会考虑灯光的气氛营造和装饰效果。光环境是家居生活中非常重要又极易被忽视的组成部分，Control4 对于个性化智能灯光的解决方案非常重视，从传统白炽灯到 LED 灯都可以实现开关与调光控制。Control4 有着引以为傲的灯光开关面板，2～7 键的自定义场景面板可以提供 37 种不同场景控制，如客厅情境、剧院情境、卧室情境、餐厅情境、会议室情境、庭院情境、早安情境、晚安情境等，操作都可以实现面板 One Touch（一键式）控制。按键可以刻字，有背光且可多种材质替换。对于调光的执着，Control4 更多考虑的是兼容，而不是一味的 LED 调光，开关面板兼容广泛的负载类型，如大多数 LED、白炽灯、卤素灯、电子低压固态变压器、电磁铁芯低压变压器、荧光灯和紧凑型荧光灯。相比传统的开关接线，复杂且凌乱，无线智能开关与插座最多仅需要 3 根线，即可完成对所有产品的控制，傻瓜式安装的同时可以让房子装修后有完美的整体感。很多消费者觉得 Control4 的面板贵，但是多种终端界面选择电视屏幕也能当 Control4 控制显示器桌面，增加了产品选购的多样性。

Control4 近两年开始有第三方配套厂家在做基于 86 底盒的智能开关，而鸿雁的智能开关产品都不需要重新布线，支持原位替换家中的开关直接使用即可。虽然鸿雁没有 10 寸大平板控制灯光，但是思远系列的墙面八宫格彩色 LCD 触摸控制器更加符合墙面开关的使用习惯，采用 zigbee Mesh 网络控制，8 个场景用户可以随心自定义，也可以设置 8 个灯光场景，足以满足普通家居灯光智能化的需求。除了彩色大屏，还拥有性价比更高的 86 形液晶显示场景控制器，也是采用 zigbee Mesh 网络控制，能智能控制家中所有电源光源，一键切换各种自定义场景。

鸿雁在智慧照明领域已经深耕多年，专业从事照明行业的鸿雁电器在光处理的技术上拥有得天独厚的优势。"思远2.0"在配备鸿雁 LED 照明灯具的基础上，推出了基于负载电力线的数字调光技术 D. L. CON 的"智能调光开关"，可以通过开关无级控制 LED 灯光的亮度及色温，涵盖 LED 筒射灯、智能吸顶灯、智能球泡灯等多种灯型，以满足用户不同状态下的光照需求。不仅如此，用户还可通过手机 APP 查看、控制灯具状态，打造更加个性化的照明环境。

鸿雁掌握全屋灯光智能设计，不仅可以通过手机控制全屋灯光，还可以根据空间使用的不同需求，定制出不同的灯光模式。例如"回家模式"，可以在进门之前就设定打开必要的照明灯光；"会客模式"，在有客人到访的时候，选择比较明亮、通透的照明效果；"浪漫模式"，一键可以选择只打开气氛灯，营造出优雅浪漫的氛围；"影音模式"，看电影、看电视时，开启最佳的灯光效果，以通过不同灯光模式的改变，实现更精致化的生活。

在照明开关上，鸿雁作为中国86式开关的鼻祖，在中国消费者美学上的把握更胜一筹，力图在材料、工艺、功能上达到完美的表现。最新的思远和 iHouse 系列智能轻奢场景开关完全颠覆了中国几十年传统开关的美学设计，多种颜色的炫彩外框选择可以说是颜值担当，以适应不同居室对于装修风格的不同要求，而且可与鸿雁传统面板配套使用。鸿雁在方寸间把握传统工艺精髓的同时，将传统开关注入新的"灵魂"，推出的 iHouse 轻奢智能开关，标志着鸿雁迈向了新的纪元。鸿雁的轻奢微智能理念让智能家居从奢侈品变成一种高端消费品，满足了不同收入阶层的需求，大大降低了智能家居的体验门槛，开拓了一个全新的消费市场，让智能家居真正走向"平民化"。

家庭局域无线承载网

目前与安防一样，家庭无线网络覆盖也日渐成为满足智能家居需求的"敲门砖"应用方案。因为 Wi-Fi 已成为当前家居中必须考虑的网络要素之一,TP 也是经常导致网络故障的原因。目前普通家庭中针对 Wi-Fi 需求的满足往往通过住户自购或运营商赠送桌面式无线路由的方式解决,该路由器往往放置在用户的电视机柜或茶几等台面上。很多情况下,却并未获得相对较佳的网络环境。传统的家用无线网络产品,一般是由一台无线路由器覆盖所有的房间。从实际调研情况来看,要想实现无线信号的全部覆盖,势必要调大无线路由器的发射功率,这就是所谓的"穿墙王",而且即使无线信号穿墙而过,因为接收端手机、Pad 的发射功率无法调大,使用效果也会不尽如人意,并且"穿墙王"还会导致无线路由器的电磁辐射会超过国家标准。

　　智能家居网络系统是不同于我们普通家庭上网需求的,普通家庭上网如果信号不好,换一个地方就可以了,不会过多影响用户体验。而智能家居的用户需要在家里的任何地方都可以控制系统,假设用户在使用手机控制智能家居系统的过程中网络突然断了,那么家里的部分设备是无法被控制的,这是用户无法接受的。智能家居集成项目中需要更加专业、稳定、可靠、简单的基础无线网络产品解决方案,C4 方面依赖于强大的家庭基础网络,集成商在项目设计与安装过程中,多选择思科路由器或其他商用路由器构建基础网络。而鸿雁的无线墙面路由器也可以良好地解决这个问题,86 型底盒入墙式设计的无线路由器产品外形简洁美观,集 USB 充电、有线、无线路由功能于一体,独特内置 2.4 GHz 和 5 GHz 双频巴伦天线,双天线自成 30 度最佳倾斜角度,最多可同时接入 18 个设备。

　　墙面路由器的功用有几点:一是对多台电脑可以共用一条宽带线路上网以节省费用,实现各电脑间的资源共享、联网游戏等功能,另外,墙面 AP 可以部署多房间、多领域,让承载之上的智能家居产品达到稳定的网络连接。用户可以通过改造后的网络来控制信息化家电,如:空调、冰箱、微波炉、洗衣机、热水器的各种动作,也可以控制其他智能设备。

智能安防系统

对讲门铃、智能门锁、从车库门到漏水侦测器的各种传感器、还有网络摄像机，Control4 与全球许多顶尖安防系统合作，如力凌、安迅士等公司，整合了警示、通知、布防和撤防能力，涉及的安防系统产品有上千种，可以让用户在全球任何地方远程监视并控制家里的门禁、报警等安防功能，Control4 的安防需求是整个远程需求中最旺盛的。

鸿雁 iHouse 系列带有隐私保护装置的 86 型云台摄像头，可以让用户对家庭安全进行 360°全方位监视和控制，用户可以在任何地方通过平板电脑或者手机等设备看到家中的图像并与家中的人员进行对话，隐私保护盖可以上下翻转，当处在中间的位置时有卡槽固定，无需担心保护壳脱落。家中老人佩戴可穿戴设备，发生跌倒等意外的时候按一下穿戴设备的按钮，而鸿雁智能家居系统会用摄像头，第一时间给年轻用户推送视频，同时系统自动呼叫小区物业人员，几分钟就可以上门。同时还带有移动侦测功能，红外照射距离可达 5 米，无论是白天还是黑夜都可以看护家。除了云存储，鸿雁墙面摄像头也支持本地 Micro TF 卡存储。

另外，安防产品中还有 86 型人体感应面板，可以实时红外感应，监测到人体移动时自动触发小夜灯，配备紧急按钮，可以及时向家人传递突发信息。

温控系统

因为温控市场的复杂性导致温控系统多年难以互联互通，风机盘管式空调可以使用 Control4 温控面板；日系空调通过 Coolmaster 模块进行协议转换，可以对室外机直接进行控制；通过 RS485 或者其他协议可以对欧美中央空调进行控制。Control4 利用嵌入式的温度控制器，在保证舒适度的同时，还有助于节约能源，并可以实现随时随地的远程控制。

鸿雁 iHouse 系统与思远 2.0 系列自有的温湿度检测设备可以通过 Wi-Fi 通信联动智能空调等设备,实现无操作式自我控制。例如,iHouse 环境监测传感设备使用 220 V 强电供电,总功率仅 3 W,可以敏感地监测家里空气中的温度、湿度,数据在 30.6 mm×40.8 mm 的液晶显示屏上显示,APP 也可查询实时与历史曲线。能够智能联动家电,当传感器检测到空气过于干燥时,可通过联动智能插座打开与其相连的加湿器,改善空气湿度;再比如检测到室内温度异常时,能够自动打开空调,调节室温。

健康环境监测系统

环境监测系统是鸿雁自有硬件,均为 86 标准底盒安装,思远 2.0 系统的环境传感套装可以监测室内空气质量 PM2.5、甲醛含量、温湿度、一氧化碳等,手机 APP 可以实时监测设备在线状态,以及同步显示传感器监测到的数据,也可以查看 40 分钟内历史观测曲线。当室内环境超出设置标准时,zigbee 信号可以输出至 20 米内的网关,手机会发出警示并提供改善方案,新风系统一键开启,同时数据会自动上传至云端。另外,在设备检测后,会提供一些改善室内环境的建议,非常温馨。iHouse 系列,将燃气与一氧化碳监测与空气检测硬件分离,让气体检测硬件安装更加灵活。同时,还能实现净水装置自动检测净化,使家庭用水更健康。

电动窗帘系统

电动窗帘的控制相对来说比较简单,通过电动窗帘控制器,用于窗帘、窗纱、卷帘的开合控制,可在任意位置停止,满足不同的场景需求。

以用户价值为中心的需求互联

真正的连接是以用户价值为中心的需求互联,而不是简单的技术互联和场景互联。衡量鸿雁或者 Control4 的智能化系统的成功与否,并非仅仅取决于智能化系统的多少、系统的先进性或集成度，而是取决于系统的设计和配置是否经济合理并且系统能否成功运行，系统的使用、管理和维护是否方便，系统或产品的技术是否成熟适用，换句话说，鸿雁和 Control4 的场景理念都是以最少的投入、最简便的实现途径来换取最大的功效，实现便捷高质量的生活。

Control4 的产品通过扩展已经不仅仅局限于家居领域，目前 Control4 已经全面覆盖住宅系统、商业系统、酒店系统和能源管理系统，在全球几十个国家已经有成熟案例。但是相比鸿雁，除了影音类的控制功能有优势外，鸿雁自有化硬件更加全面，而不是依靠第三方去实现扩展功能。未来将在整体系统中对所有设备的故障、维护和后期保养形成云端的管理与交互。

鸿雁的智能家居场景解决方案还可以自由组合搭配不同的套餐，通过面板控制和手机远程控制，一键满足各种生活场景的多重需求。鸿雁除了家居方面的全宅智能解决方案以外，不断深挖细分行业的需求，还提供智慧办公解决方案，适合办公楼的中小型会议室，包含照明控制、办公控制、舒适办公、智慧车库等四大子系统。鸿雁的触摸场景控制器可以实现办公场景的一键智能控制，如：会议场景、办公场景、投影场景、休闲场景等；智慧酒店解决方案，包含能源管理系统、照明控制系统、健康管理系统、影音娱乐系统等四大子系统，如对智能客房一键入住、离开、影视、会客、睡觉等场景控制；鸿雁智慧道路解决方案包含智慧道路照明、智慧道路网络、智慧道路充电桩、智慧道路低压配电系统和智慧城市便民等五大子系统，智慧工厂配电解决方案包含中压配电系统、低压配电系统、智能电力监控系统等三大子系统，这些方案在全国许多重点工程项目中都有应用。

● 国内外智能家居企业的渠道拓展与商业模式

Control4 的渠道拓展与商业模式

随着围绕影音、智能灯控和全宅智能等家庭中控应用在国内市场的快速应用发展,Control4 作为国际品牌也开始对中国关注。Control4 虽然在 2010 年初就开始进入中国,但 2010 年也是大批国外智能家居品牌进入中国的时代,Control4 在两年后渠道才开始铺网全国,包括中国台湾和中国香港地区。在2010—2013 年之间的市场初期,Control4 采用总代渠道模式来建立初步的经销商网络体系。当时国内的第一批经销商对 Control4 产品特性的认知不足、技术未成熟,又加上自身的实务经验缺乏,仅仅把 Control4 产品当作一般的商品去售卖,以致造成诸多项目工程不能妥善完工,也损害了 Control4 产品的品牌特殊性。在 2010 年之前,国内所谓的智能家居领域对于全宅智能还没有很高的认识和理解,那时行业系统集成度还不是很高,更多的是停留在背景音乐、数字客厅、遥控开关、电动窗帘、影院系统的舒适化半自动化系统。呈现的局面为安装调试复杂、操作烦琐,基本偏向于前装市场,通常需要和整体装修一起进行。

于是,在 2013 年底,Control4 在上海设立了中国直属分公司,逐步从之前的二级经销商升级成授权经销商,确保 Control4 与所有的经销商伙伴在专业培训、技术支持以及产品供货等多个方面更好的携手合作。通过这种直接的经销商系统,Control4 为经销商们提供了更高效深入的沟通机制,同时也能够更快了解到当地市场情况,发掘其中的潜力。Control4 在渠道布局方面更多将精力铺在北上广深等一线城市,这些地区的核心经销商撑起了 Control4 两位数的增长销售额,也促进了 Control4 在中国自身品牌建设的生根发芽。2015 年,为了庆祝 Control4 在中国取得品牌生根的成功,Control4 在中国举办了首次大型经销商会议,目的是为了通过核心领域的解决方案,来布局未来在中国 3～5 年的销售规划。

Control4 长期在国内多地举办一系列的产品巡展、品鉴会以及年度经销商会议,加强了产品的落地,并更好地与当地经销商、产品工程师、设计师等业内专业人士的沟通交流,对整体品牌形象的提升做了一定的铺垫。在众多经销商中,Control4 还对授权经销商进行分级,如金牌经销商和白金经销商等,不断地采用循序渐进式的方式从技术上支持经销商。

Control4 近几年完善了对授权经销商的产品培训、技术支持、项目设计指导、售后服务、经销商体系管理及市场推广支持等工作，以确保终端消费者得到完整的智能家居设计、设备调试及售后服务，获得的是品牌认可度的不断提升，在国内也一直处在行业前游位置。Control4 让经销者和渠道商理解智能家居的核心价值是需要具备成熟的应用技术能力与软件编程能力，它是将科技应用于生活、化繁为简的产品。

对于工程项目而言，世界各地都存在类似现象，大家都热衷于寻找大项目，而忽略了大项目的时间周期长、款项难到位等不确定的问题。要想获得大项目的成功并不是件容易的事，需要足够的时间、人脉、关系，等等。Control4 热衷于让经销商体系专注于更易成功的单个住宅项目中，而非耗费精力且不易成功的大项目上，努力搭建一个平衡的现金流，形成一种良性循环发展。经过几年的发展，在 zigbee 模块、矩阵、传感器、开关面板、RS485 总线模块 IO 扩展、软件服务、LED 驱动等方面都由国内的集成商提供第三方配套产品，相比其他进口产品具有一定的性价比优势。

鸿雁的渠道拓展与商业模式

整体来看鸿雁在智能家居领域的渠道拓展与商业模式，一是对传统渠道的稳固与升级；二是对电商渠道的开拓与完善，多元化的渠道转型对全行业都有借鉴意义。鸿雁作为传统电工企业，自有的成熟渠道非常具有优势，如房产公司、装修公司、照明运营商和电工电器运营商等，在全国各地有几万家传统的经销网络，涵盖经销渠道、建材连锁超市、民用超市、集团客户、网络渠道及隐形渠道。借助传统经销网络来发展自有经销商，进行免费内部培训与渠道培养，让经销商与集成商对产品知识与安装调试更加熟练，经销商的忠诚度与技能成长都有着非常明显的优势。智能家居领域开拓自有的"鸿米渠道"模式，实施"两手并举"

的渠道策略,夯实 B2B 渠道,延伸渗透 B2C 消费者渠道,建立工程、分销运营商两种渠道架构,并建立对应有效的渠道评估准则。

鸿雁也积极参加国内外智能家居与智慧照明相关展会,2016 年鸿雁为了布局智能家居召开了新战略发布暨全国大客户合作发展峰会,主要是为了破解长期以来智能化产品渠道发展的难题,同时标志着鸿雁多年布局的智能家居产品真正走向市场。通过独家渠道"秘籍",相较于智慧照明领域的第一次"弯道超车",智能家居领域可谓是鸿雁第二次"弯道超车"的雄心壮志,在打造全球影响力的智能家居电器品牌和产业的同时,也更加铁肩担当整个行业布局的领导者角色。鸿雁能够成功从顶层设计进行渠道转型,打造出全面、可持续的鸿米渠道模式,与以前在渠道方面打造的牢固基础有很大关系。

在智能家居产品落地方面,因为鸿雁智能家居商业化拓展尚处于初期阶段,对于智能家居渠道的初期打开,主要以鸿雁独特原位替换的 DLT 开关套餐包为主,再加上 iHouse 系列新品,以 IP 无线通信的单品形态,实行 86 标准可以实现原位替换,将助力 C 端后装市场和家庭二次装修市场,快速实现产品规模商业化落地。目前各种技术包括 zigbee2.0 技术都缺乏统一的传输协议和标准,虽然近几年市场上也初步形成了一些智能家居平台及接入标准,但是各个阵营间还是各自为政,即使宣称对外开放,但基于自身利益的考虑也基本不会主动接入对方的平台,导致不同厂商的产品难以实现互联互通。在应对这些阻碍因素上,iHouse 系列以 Wi-Fi 通信为主的方案产品更加具有妥协性和市场潜力。

除了产品给力以外,推出面向经销商的消客 APP 服务平台,还有智+ APP可以成为方案设计师、水电工的学习资讯平台,进一步延长用户价值链条,将助力增加渠道商与客户的黏度。利用互联网实现线上线下大融合,实现共生共荣,提升运营效率,最终将双 APP 打造成智能家居专业垂直 O2O 电商平台。鸿雁电器强化"O2O"建设,布局"百千万工程",打通线上线下,提升用户体验,提升实体销量，实现厂商双赢。线下计划准备 3 年内在国内 60％以上的地级市与友商合建 500 家体验与服务中心，其中包括旗舰店和普通店，旗舰店展示鸿雁系统级产品，对场地要求比较高，单品级展示单品级产品，适合很多小的分销商；线上方针准备依托电商平台开展互联网营销。目前，鸿雁电器采取线上下单，线下服务和体验的"O2O2O"模式。线下展示、扫码，线上购买，解决线上与线下的利益分成，相互引流，共荣共生。

线上渠道值得一提的是，从 2011 年开始，鸿雁电器就开始全平台布局电商业务。目前，鸿雁电器在线上已经完成了天猫电工旗舰店、天猫照明旗舰店、京东电工旗舰店、京东照明旗舰店，以及唯品会、苏宁易购等主流电商平台的布局，电商平台也已经成为鸿雁电器销售增长的新引擎。

此外，以智能面板作为数据的采集点，为 3.0 时代奠定了硬件入口和数据搜集分析的基础，在以数据运营为核心的 3.0 时代，鸿雁布局不是在单品而是整个系统。例如整个系统在平台的控制、管理下运行，智能终端触摸屏不仅仅作为各子系统的显示、操作界面、多智能终端配置，同时，可以记录各子系统的运行数据，为系统运行优化、自学习提供依据。交互平台，平台可以记录存储各系统的运行数据，对系统的运行可以提供有效的历史数据，同时可以根据历史的运行数据，总结出用户的使用习惯和某种规律，让系统能够自学习。通过大量的数据分析总结，梳理一定的行为模式，从"人"的视角去看待产品，围绕产品体验问题来引发对情感化的设计，以满足用户需求。

智能家居 3.0 时代随之而来的服务性项目将成为鸿雁营业额的中流砥柱，同时服务业还会提供持续的现金流，将鸿雁从制造业巨头打造成制造＋服务相结合的智能家居领军企业。

集成商通过鸿雁的一系列前装＋后装产品，对客户的智能家居需求更加游刃有余地预留升级更新的空间，更加容易契合用户的需求。其实，国内集成商许多没有售后服务和设计规范意识，规范的产品对于市场的应用非常接地气，集成商布局起来也更加得心应手。

我们知道目前智能家居市场主要依赖开发商、集成商等把产品推向用户的项目性业务模式,除了通过渠道商的间接销售和线上零售店,鸿雁将继续采取线下直接销售的模式,如直接设立分公司或销售点,直接面对用户提供产品与服务。例如:建材等专业市场设点,以及如专卖店、超市大卖场这些传统的店面。

智能家居的特殊属性与行业方向

智能家居系统级产品并不是简单的一般商品,而是集厂家、经销商和消费者共同组建的精益求精的完美产品,少任何一个环节,产品都会变得不完美。对于 Control4 用户而言,虽然产品已经汉化,但是对于 Control4 集成商的调试软件并没有汉化。通过 Control4 网站,消费者可以一键查询最近的服务经销商来解决售后问题,虽然 Control4 的设计、安装和售后全包,但是消费者过多依靠集成商也造成了 Control4 难以大面积推广。

与 Control4 不同的是,鸿雁的产品完全为中国消费者和市场设计,拥有简单的电工知识即可安装自如,调配和功能添加经过简单地培训,消费者自己也可以胜任,这样的设计方式和理念对于千家万户的推广至关重要。对于渠道的培训可以让经销商不仅能够了解装修设计,还能了解用户的高品质生活需求,了解装修施工过程,也了解产品的优缺点,最终结合智能家居行业的方向跟着趋势走。

鸿雁作为传统电工企业,曾经的传统渠道模式非常固定,以 1 + N 的组合,即以区域运营商加上以工程项目代理,以地级市县级为单位,构建仓储、物流、服务、体验为一体的平台,进行小区域的独家分销,中期又以"鸿花会"私人董事会的方式聚合智慧、资源,通过面对面的交流和分享,搭建优质经销商学习交流互助服务的平台。鸿雁若是以传统的"运营中心——级经销商—二级经销商"的单纯的网点铺盖,显然已经无法适应"大时代"的潮流,所以必须进行全方位、立体化的网络覆盖,通过线上电商、线下经销渠道、集团客户、隐形渠道 4 种渠道,来打通线上线下、工程与隐形的结合两种组合进行转身。

智能家居不是暴利行业,也不是速成行业,成熟的渠道布局才能跟着智能家居的风口走,最终站在行业的最高峰,这一板块切忌不可丢弃。随着未来智能家居的产品形态更加趋向于语音、识别、判断、互动、检索等功能的应用集成,集成商的服务性质将会愈加凸显,优质的服务反馈与数据反馈才能获得大批量的用户,这一切都需要早早布局。服务将是未来智能家居生态链的主体,因为智能家居涉及系统级产品较多,难免会发生故障问题,如得不到及时解决,前期市场不成熟,部分消费者可能会弃用,一旦到了成熟市场时代,将会严重影响产品的品牌度。

● 国内外智能家居企业的生态圈布局

Control4 的生态构建

不管概念如何高大,最终用户需要的是接地气的入口产品,整合第三方入口级产品的能力彰显了 Control4 的强大性,通过整合后的 Control4 系统可以将许多功能融入,达到人无我有,人有我优的境界,形成技术壁垒,让对手难以超越。Control4 系统每添加一个产品,都必须安装驱动方可实现系统与产品间的通信,对整合至系统的合作伙伴驱动程序进行测试并认证,也是为了整个系统的稳定性达到最佳状态。从平板电视、投影机、光盘播放机、音视频接收器、温控器、冷热系统、喷淋灌溉系统,到电动窗帘、车库门、门锁、室内照明和监控摄像头等上万种设备,Control4 都进行了完美整合,牢固的认证合作品牌商已达近百家。

通过十几年的成长,Control4 已经认证对接了近百家智能家居厂家,其中不乏中国国内的优秀企业。尤其在灯光和安防传感方面,Control4 多与中国本土品牌进行合作,因为灯光照明市场非常大,多层次的价格区间才能满足不同用户的需求。Control4 提供了开放平台,无论是灯光、窗帘还是安防、传感等细分领域的公司,Control4 都会有相应的工程师与其进行对接,而且 API 是始终对外开放的。

鸿雁的生态构建

智能家居目前未普及的问题,除了行业标准尚未统一、消费观念还未达到、产品价格虚高等因素外,对物联网智能家居企业来说,合作也是促进智能家居普及的一大趋势。在"智慧照明"初获成功后,2015 年初,鸿雁发布布局智能家居生态圈的计划,提出"将智能面板(开关插座)打造成智能家居入口、平台、终端"战略,与"从智慧照明到智能家居再到智慧城市"的转型升级路径。

2016 年初,鸿雁又提出构建"鸿米生态"圈的计划,鸿雁很清楚一个公司并不能打造相对完善的智能家居生态圈,也明白互联网基因与传统企业互补的重要性,携手阿里、国网、京东、华为、海尔 U+、苏宁、国美、乐视、古北、庆科等企业达成战略合作伙伴关系。鸿雁与国网共同打造线下体验店;借助京东电商平台优势拓展市场;入驻阿里小智物联平台,借力专为智能家居研发的云端操控生态系统;加入华为 HiLink 互联互通平台;借助由云解决方案 AbleCloud 提供的物联网 PaaS 平台构建云生态,打造智能家居思远 2.0 系统,为用户构建兼容传统布线规范、符合用户传统使用习惯的智能家居基础设施。同时打通涵盖芯片原厂、模块厂商、方案商、智能硬件云平台企业、智能硬件工业设计顶尖机构等智能硬件产业链的各环节,汇集优秀资源,连接智能硬件产业链企业,共筑智能家居硬件良好生态圈。

生态圈的建立是因为随着国内智能家居市场逐渐明朗,合作共赢的创新商业模式将占主导地位,基于共同利益下,优势互补的多个公司开展合作,未来赢面会比单打独斗更大。鸿雁同时携手大型房产公司合力打造"百家智能示范小区"，助力房产开发商从单一房产开发模式向多元化过渡，打造生态化、个性化、智能化的绿色房产型项目，在促进房地产开发商转型的同时助推鸿雁智能家居走进千家万户。鸿雁不仅与国内知名企业合作，而且积极需求海外合作伙伴，以拓展全球市场。

目前，鸿雁已经从单纯的产品制造商，转型成为系统解决方案提供商，重心在搭建良好的产品平台以及打造服务整个金融解决方案。通过与各平台的战略合作，实现跨界共赢，以完成更多的资源整合，鸿雁打造的"智能家居"生态圈已经成为行业内的共识，目的是占据话语权，从而主导国内智能家居市场。跨界融合对传统制造厂商是一个挑战，但是未来以消费者为中心的服务将成为主流的商业形态，积极转型才能在新的游戏规则中获得优势。建设生态圈的最终目的是形成互联互通的鸿米生态圈，为用户构建兼容还有布线规范、符合用户传统使用习惯的智能家居基础设施，避免由于不同标准质量衡量的产品以及系统导致消费者对智能家居产品使用的新鲜程度降低。

鸿雁在不断与更多的国内厂商进行合作，将鸿雁的新产品与系统与之对接，能够形成应用更加广泛的、稳定可靠的、适用通用标准的智能家居控制和管理设备集成网络。鸿雁深知术业有专攻，也正在探索运营商+硬件商+内容商的自身模式，在智能家居软硬一体化生态中寻找自身定位。同时作为硬件设备、无线模块、网络设备与无线技术提供商，鸿雁也希望能够有这样的机会参与制定相关产业的技术标准，更加融合开发与推动智能家居市场的发展。

鸿雁将借助落地硬件提供更多的生活场景进行全面的跨界融合，而这个跨界融合不是简单分工合作以实现智能化控制效果为目的的协作，而是通过大数据创建新的商业模式，给用户提供各种专属的服务平台，搭建完善零距离的O2O服务，通过获取的数据服务，以大量的环境数据形成为基础进行大数据分析，可让商家对消费者的生活需求更加了解。例如，安全防护、能源管理、空气管理、食物管理、家政服务、家庭用品回收等，这便是未来生活服务的雏形。

构建智能家居基础设施

鸿雁和 Control4 的责任和目标是成为智能家居的基础设施，就像家里要有热水器和配电箱，而不是定位在智能单品或者是小智能系统的供应商，所以都在探索从硬件到内容到软件到服务的商业模式的落地。智能家居公司不是做消费电子的公司，不是生产一个放在桌上连上 Wi-Fi 就可以用的产品，应该定位给消费者提供基础设施，打造家居生活智能化体验。鸿雁和 Control4 都需要通过生态圈和更多第三方设备去对接，实现更多产品的互联互通，让整体行业精诚合作，形成一套统一的家居信息交换标准，对于自身以及行业未来的发展，都是大有益处。

在智能家居 3.0 时代，鸿雁通过生态圈的深度跨界融合，结合自身丰富的硬件经验，再加上互联网公司基因擅长数据分析、软件服务能力，以及拥有更多用户数据的能力，拓展服务"O2O2O"战略，合作打造强强联合、共享共赢的"集团军"生态圈，最终促进智能家居项目尽快落地，走进普通用户家中。

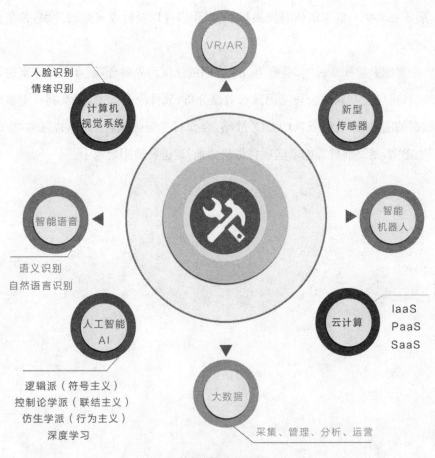

第7章 新技术趋势下的智能家居行业变革

计算机视觉系统
人脸识别
情绪识别

VR/AR

新型传感器

智能语音

智能机器人

语义识别
自然语言识别

人工智能AI

云计算

IaaS
PaaS
SaaS

逻辑派（符号主义）
控制论学派（联结主义）
仿生学派（行为主义）
深度学习

大数据

采集、管理、分析、运营

智能家居涉及的新技术

● 智能家居大数据的应用

大数据的概念与特性

因为大数据是机器产生的数据，而不是人为产生的数据，所以智能家居产生的数据会越来越大。"大数据"是一个体量和数据类别都特别大的数据集，并且这样的数据集无法用传统数据库工具对其内容进行抓取、管理和处理。"大数据"首先是指数据体量（volumes）大，指代大型数据集，一般在 10TB 规模左右，但在实际应用中，很多企业用户把多个数据集放在一起，已经形成了 PB 级的数据量，未来智能家居领域也有许多这种企业，目前国内智能家居领域的数据量级总和已经达到 100TB 以上，非结构化数据规模正在以更快的速度增长；其次是指数据类别（variety）大，数据来自多种数据源，数据种类和格式日渐丰富，已冲破以前所限定的结构化数据范畴，囊括了半结构化和非结构化数据；数据处理速度（velocity）快，在数据量非常庞大的情况下，也能够做到数据的实时处理；数据真实性（veracity）高，随着社交数据、企业内容、交易与应用数据等新数据源的兴起，传统数据源的局限被打破，企业愈发需要有效的信息之力以确保其真实性及安全性。

大数据和云计算是智能家居的灵魂，也是实现智能家居的技术基础，大数据面临的最重要的变化是处理对象由结构化数据拓展到了半结构化和非结构化数据，数据主要从用户端和设备端收集到平台和服务运营商，最终再反馈至用户与设备中。智能家居是多领域融合的切入点，是社会家庭管理的支撑点，民生服务的新亮点，物联网生产大数据，大数据支持智能家居，从智能家居到数据再到智能化，构成从感知到认知的全过程。

大数据在智能家居应用过程中面临的问题及挑战

与智能家居的热度一样,资本热度高于企业热度,传统智能家居企业往往谈云色变,并不敢将自己的产品都接入云,大部分企业的解释是云安全问题,因为PC互联网时代,互联网的连接数是千万级,移动互联时代的连接数是百亿级,而智能家居面对的将是千亿乃至万亿的设备,如在云安全部署还未成熟的情况下,就将这些设备盲目接入云,将会导致不可想象的灾难。不仅是控制端的安全,还有安全数据隐私端的安全。但是,目前智能单品处在爆发年代,与传统智能家居企业不同,新的智能家居硬件公司都乐意入云,每个单品都具有初步的数据收集功能。例如,家庭移动医疗诊断设备,如黑客入侵,使被检测人员的检测数值设定永远不正常,将会增加用户多大的心理负担? 这是控制端的问题。如黑客将被测用户的疾病信息肆意传播,又会给用户造成多大的隐私困扰? 又如,燃气控制这一块,黑客可以控制电磁阀门,让燃气在厨房肆意泄漏,然后用微波炉将燃气点燃,又会造成多大的安全隐患? 如黑客可以操控燃气统计表数据监测,将每户的燃气费用肆意调高一丁点,整个小区每年多收的燃气又是多大的黑洞? 除了控制端和云端安全的问题,现在很多设备如手机等,都可以当作入口,但在实际应用中没有出口。例如手环的健康睡眠监测,数据收集了一大堆,但是出口需要对接其他设备,如监控显示昨晚睡眠比较差,早上智能水杯提示不能喝低于35度的温水,不然容易反胃;睡眠比较好,早上可以喝不低于20度的温水,对肠胃蠕动有帮助。这种出口的对接在目前碎片化的智能家居市场里很难联动,所以数据无缝落地还需时日。

大数据的采集内容

面板采集到传感器采集,前期智能终端控制为主,后期将转化为数据采集和操控智能为主。对于智能家居大数据的采集内容,包括APP的使用情况、故障自诊断信息、服务运营信息、用户画像、设备使用状态、用户使用行为、APP 交互行为、用户信息数据、设备功能信息、设备日志、APP 日志、子设备参数与运行状态等其他数据。

大数据的战略资源

智能家居系统所产生的数据包含面非常广,既有硬件传感器的数据,也有硬件本身的数据运行状态,也有用户和硬件交互的数据,还有用户通过 APP 等客户端产生的数据,更有用户自身的使用习惯和生活场景的数据,等等,这就导致整体的智能家居所产生数据的积累速度快且量很大。同时,数据又是企业的一种战略资产,所以采用分布式大规模的云存储架构是满足企业高速发展和创新需求的必然趋势。

大数据是智能硬件竞争的制高点,可以帮助硬件厂商挖掘用户的设备使用行为,让厂商可以了解自己的用户、优化产品策略和市场策略。还可以对用户进行学习,建立用户画像,针对不同的用户提供个性化智能体验,给不同的用户提供个性化优惠,加大二次销售。也可以做设备活动状态的分析、故障率的分析,以此来指导产品、硬件之后怎么做迭代层、怎么做升级,包括知道用户喜欢用什么功能、用户在什么时间段喜欢用这个功能,知道后面营销策略针对哪些地域作为重点。利用大数据可以挖掘出的价值非常多,这需要在 IoT 领域不断地去探索。

语音控制与人工智能应用

人工智能概述

人工智能自诞生之日起就引发了人类无限美丽的想象和憧憬,但其在发展过程中也存在不少争议和困惑：什么才算是真正的"智能"？为什么再高级的电脑、再智能的机器与人类的智能相比仍然那么幼稚？人工智能作为研究机器智能和智能机器的一门综合性技术学科，产生于20世纪50年代，涉及心理学、认知科学、思维科学、信息科学、系统科学和生物科学等多学科的综合型技术学科。也就是说人工智能的研究范围非常宽泛，涉及哲学、认知科学、行为科学、脑科学、生理学、心理学、语言学、逻辑学、物理学、数学以及信息论、控制论和系统论等许多科学领域。目前已在知识处理、模糊识别、自然语言处理、博弈、自动定理证明、自动程序设计、专家系统、知识库、智能机器人等多个领域交融发展，人工智能的这种综合性、交叉渗透性早在诞生之日起就得到充分的体现，目前已形成多元化发展方向。

人工智能是由McCarthy于1956年在达特茅斯（Dartmouth）学会上正式提出的，当时被称为世界三大尖端技术之一。人工智能是关于知识的科学——怎样表示知识以及怎样获得知识并使用知识的学科，简言之人工智能就是研究如何使计算机去做过去只有人才能做的智能工作。由此可以将人工智能概括为研究人类智能活动的规律，构造具有一定智能行为的人工系统。

人工智能元年

2015年10月阿尔法围棋（AlphaGo）以5∶0完胜欧洲围棋冠军、职业二段选手樊麾；2016年3月对战世界围棋冠军、职业九段选手李世石，并以4∶1的总比分获胜。AlphaGo就是人工智能，但尚属弱人工智能，离计算机能够建立在非监督式的学习上，还仍需时日。但其辉煌的战绩，刷新了人类对人工智能的新认识。

谷歌人工智能围棋AlphaGo算法＋IBM人工智能国际象棋Deep Blue（深蓝）算法，都显示机器的智商也可以超越人类。但AlphaGo只是人工智能的冰山一角，它还不够智能，因为AlphaGo还不能观摩别人下棋就知道围棋这个概念、围棋的规则,并基于此去学习人类的做法进而学会下棋。AlphaGo 还只是停留在"封闭规则"中展现出了自己的"超长智商",它并未全面反映人工智能的进展。百年前人们第一次看电影见到屏幕上的火车,吓得四处溃散,倘若一直保持着对人工智能领域的关注,就不会对 AlphaGo 的胜出大惊小怪。

人工智能的发展历程

六十年的时间,让人工智能走过了 3 个阶段。

第一阶段:20 世纪 50—60 年代,人工智能停留在能存会算的计算智能阶段,仅局限于计算机的存储与运算的满足。

第二阶段:20 世纪 70 年代,能听会说、能看会认的感知智能,感知智能是通过传感器和算法感知世界。

第三阶段:20 世纪 80 年代后,AI 进入以知识为中心的人工智能阶段,围绕知识表示、推理、机器人学习来进行研究。基于互联网和移动互联网的"研究—工程—产品—用户"闭环加速了知识迭代优化进程,为第三阶段能理解会思考的认知智能开打了大门,认知智能是能够对自然和人类世界进行认知。可以说,十年前人工智能理论还尚未成熟,得益于科学研究方法论的创新,目前已经确立"信息—知识—智能转换"的模拟机制来打开人工智能的未来。

从这 3 个阶段,我们也看到了 IT 产业的 5 次浪潮,看到了人机交互的硬件发展,从 20 世纪 60 年代的大型机、20 世纪 70 年代的小型机、20 世纪 80 年代的个人电脑、20 世纪 90 年代的桌面互联网时代、21 世纪最初十年的移动互联网时代、2014 年后的移动穿戴式设备时代。未来的硬件属于无屏、移动、远场状态下,以语音为主,键盘、触摸等为辅的人机交互时代。

人工智能研究的现状

人工智能科学已经诞生了半个世纪,先后出现有逻辑学派(符号主义)、控制论学派(联结主义)和仿生学派(行为主义)。符号主义方法以物理符号系统假设和有限合理性原理为基础,联结主义方法以人工神经网络和进化计算为核心,行为主义方法则侧重研究感知和行动之间的关系,目前这些理论都在人工智能的各个领域取得了重大成果。

目前,人工智能技术正在向大型分布式人工智能及多专家协同系统、并行推理、多种专家系统开发工具,以及大型分布式人工智能开发环境和分布式环境下的多智能体协同系统等方向发展,这些多系统包括问题求解、专家系统、神经网络、模式识别、机器学习、人工生命等,这些都是人工智能的重要分支。总之,50多年来,人工智能在模式识别、知识工程、机器人等领域都取得了重大成就,但离真正的人类智能还相差甚远。

中国引进智能家居系统的概念,最早要追溯到微软公司董事长比尔·盖茨于 1999 年 3 月 10 日在深圳宣布的"维纳斯计划"。目标是开发基于微软Windows CE 操作系统的集娱乐、教育、通信、互联网等于一体的产品,这种介于电脑和家电之间的模式,最终未被消费者接受。目前已经演化到 APP 终端泛滥的模式,所谓"智慧"的标签无非是从桌面电脑转化到手机智控模式,传统的有线控制系统并未改变,市场上的各种无线系统以及物联网无线技术都在蓬勃发展,让曾经 PC 单一的控制方式,变得更加丰富便捷。智能家居的智慧正在从 AP 移动终端的模式升级到人工智能自控模式,在智能、方便、高效、便捷的功能标签上,又增加了个性化与自控制等基因,智能家居的终端控制进化得越来越有意思,静待 AI 家居机器人时代的来临。

主流的智能语音服务软件产品

IBM：1997 年 IBM 用深蓝计算机令人难以置信地战胜了国际象棋冠军。与美国德克萨斯大学联合打造的"沃森"基于单机,并不联网,但能够进行大量的自然语言处理,并且回答人类各种问题;在 2011 年,它在一档智力竞猜节目中战胜了人类。

微软：微软拥有类似于 Cortana 的人工智能助理，可以基于上下文的"长程情感对话能力"，Cortana 具有自我学习能力，能够在与人类交互中变得越来越聪明。

Facebook：Facebook 拥有 3 个人工智能实验室，其个人数字助手服务名为"M"，可代表用户执行一系列任务，如购物、预约或赠送礼物等，它的社交搜索算法可以借助用户好友关系去过滤和进行排序，给用户最想要的搜索结果。

Apple：Siri 的使用者可以通过声控、文字输入的方式来搜寻餐厅、电影院等生活信息，同时也可以直接收看各项相关评论，甚至是直接订位、订票。另外它能够依据用户默认的居家地址或是所在位置来判断、过滤搜寻的结果。人机交互是 Siri 的特色。例如，使用者在说出或输入的内容包括"喝了点""家"这些字，不需要符合语法的人机交互相当人性化，Siri 则会判断为喝醉酒、要回家，并自动建议是否要帮忙叫出租车。

国内外智能语音应用现状

近几年智能语音技术业步入高速发展期，当前中国智能语音市场主要有两大类公司，一类是传统的 IT 巨头，如微软、IBM、苹果等；一类是专业语音技术厂商，如科大讯飞、思必驰、云知声、中科信利、中科模识和捷通华声等。国内智能语音几家公司以中文语音为核心，将智能语音逐步融入我们的生活之中，如智能车载系统与手机地图导航 APP 已经是常用场景。除此之外，智能家居的家庭安防与控制系统都存在智能语音的身影。家用电器也趋于进入可以语音控制的角色，如美的、海尔等家电企业推出语音控制空调，让空调摆脱了遥控器的束缚；又如乐视、长虹、海信等也接连推出语音控制电视，可以通过语音发送命令实现变换节目、频道及开关机等，这些电器虽然目前没有大面积普及市场，但已经是未来智慧生活的缩影。

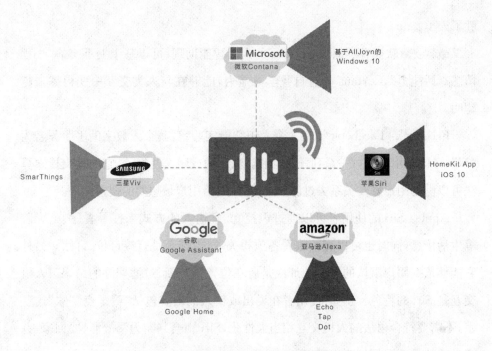

国外智能语音在智能家居的发展

目前,国内也拥有通过以听歌为主要场景的音箱产品,来打造未来家庭智能的入口的趋势,而这种智能音箱唯一的交互方式便是通过智能语音,国内此类产品本身做得不够好,用户消费还是比较惨淡;将智能音箱升级的是智能机器人,往往增加触屏交互功能,聊天机器人多以儿童用户为价值用户,因为儿童的心智本身就是非理性以及跳跃的,并且重复的东西儿童也会喜欢,所以儿童可以持续和机器人玩,而成人对于智能的需求就高一些;另外在影音方面围绕电视、音响和背景音乐等,用户有搜片、FM 和听歌等需求。虽然现在智能语音因为真实复杂的环境,如远场、方言、多轮对话、准确率等问题还需要解决,但智能语音一定会成为智能家居标配,因为老少皆宜,可以告别烦冗的 APP,当智能语音的体验愈加"类人"的时候,我们也期待更多真正有价值落地的产品。

国外智能语音主要以谷歌、苹果、亚马逊、微软几大巨头为标榜,谷歌在今年推出的 Google Assistant 人工智能语音助手是基于成熟的 Google Now 语音系统,成功植入 Google Home 智能家居音箱中,其体验感是目前世界上最优秀的智能语音系统;其次便是微软的小娜,主要植入游戏、PC、VR 等智能家居周边的外围设备,基于微软良好的软件基因,微软小娜的语音体验也非常好,最重要的是支持多国语言;苹果基于智能家居 HomeKit 以及自身智能硬件圈,将所有对接 HomeKit 的智能家居产品都可以通过旗下智能语音软件 Siri 控制。虽然互联网时代的硬件布局比较成功,但是对接进度近两年较为缓慢,国内的声音在近期才有所热议;而基于亚马逊的 Alexa 智能语音打造的 Echo 智能音箱,目前已成为美国最成功的智能家居入口级硬件产品,数以千万的家庭在使用 Alexa 语音进行智能家居设备的控制,对于中国来说也不失为一种好的效仿模式。

人工智能快速发展的硬件基础

如今人工智能得到快速发展的根本原因是已经具备硬件基础,大量数据产生之后,通过低成本的存储器将其存储,再通过高速的 CPU 对其进行处理,最终统计、分析、处理后的数据,可以让计算机做出接近人类的处理或者判断。对于智能家居方面的人工智能只是人工智能外在形式的一种,最直接的形式便是家庭智能机器人。但目前市场上的智能家居机器人多为玩具,并不能对家居智能化提供帮助。产品需要升级改进,但至少是下一代智能家居控制中心的硬件基础。

人工智能的 3 种路径

(1)基于规则的人工智能。在计算机内根据规定的语法结构录入规则,用这些规则进行智能处理,缺乏灵活性,不适合实用化,从现在的角度来看,这种方式不能算作人工智能。

(2)计算机读取大量数据,根据数据的统计、概率分析等方法,进行智能处理的人工智能,具有无规则性。

(3) 目前最主流的人工智能路径,是一种基于神经元网络的深度学习,计算机读取大量数据,其好处在于运算结果的精准度,最终反应的便是人工智能的"智力"。

我们重点介绍第 3 种。目前,人们已经认识到人工智能的三大法宝:深度神经网络+大数据+涟漪效应。这种方式的最终巧妙在于 AI 可以不断优化自己的算法,借助云端的服务器集群,让自己的"思维"即计算能力呈现指数级增长。我们已经做到了人工智能的"从 0 到 1",让计算机已经可以思维,未来我们将"从 1 到 N",让计算机的行为表现越发智能。

"深度学习"的概念

"深度学习"往往是指多层的人工神经网络和训练它的方法。一层神经网络会把大量矩阵数字作为输入,通过非线性激活方法进行权重,再产生另一个数据集合作为输出,这就好像生物神经大脑的工作机理一样,通过合适的矩阵数量,多层组织链接一起,形成神经网络"大脑"进行精准复杂的处理,也就像人们识别物体标注图片一样,整个过程非常神奇。

研究者们都在尝试如何让机器学习得更加聪明,不断地对学习的方法进行优化,比方说常见的方法是通过方法 A 优化知识 B,生成新的知识 C,发现知识 C 的用户满意率反而下降了,此时回头对方法 A 进行优化,当然还有更多的逻辑学习模式。

爆品的人工智能性不可或缺

目前,国内市场尚缺成功的智能家居单品,通过智能家居单品,来打造智能家居平台的共性使单品本身具有"人工智能"性。2016 年是智能家电元年,普通用户对智能家电的理解就是加装 Wi-Fi 模块入网的传统电器,但实际上,联网只是第一步,也是最基础的一步,普通用户目前只能教育到第一部分的阶段,而随着智能家电体量的扩大,实则用户接触到的第一体量级爆品就是智能家电产品,如智能空调。

但是智能家电产品不是人工智能产品,最终却要演化到家居人工智能体系中去。目前第一步正在中国大范围地进行中,实现全面家电联网的目标。第二步,是具有自动化的家电,可以跟许多传感器联动,例如各种品牌的空调、净化器可以与温湿度传感器、环境监测套装联动。第三步,是家电的人工智能学习,如空调可以根据室内外的温度、用户习惯、用户当前状态来完成无感式操作,能够完美地达到无感操作。如知道女主人来例假了,空调温度不能调太低,适度高出几度以保护用户的身体健康。

鸿雁的智能家居 3.0 战略离不开人工智能,因为人工智能的服务是高附加值服务,高附加值服务意味着能够获取更多的用户,而用户数量的增加意味着数据量的增加,最终也会反馈到人工智能系统之中,再优化自身服务作用于用户,这是良性循环。

人工智能在智能家居中的应用

对于智能家居方面的人工智能只是人工智能外在形式的一种,最直接的形式便是家庭智能机器人。在新的万物互联的时代来临,智能家居的形式与现在的形式将会发生很大的变化,人工智能的兴起也将加速智能家居领域的变化形式。介于人工智能的复杂程度,我们讨论的 AI 是初级的 AI,是简单的 AI,是适用于目前智能家居智能控制的 AI,它会走进我们的空调、我们的电视、我们的洗衣机、我们的电灯、我们的窗帘、我们的智能水壶、我们的智能插座等等,这些设备智能化了以后,能够让生活更简化,用户就会想用,就会买单,就会喜欢这样的产品,而不是下载一堆 APP 将之复杂化。

用简单的例子来说,人工智能与智能家居的结合可以分为三个阶段:第一级是控制，也就是远程开关、定时开关等控制方式；第二级是反馈，把通过智能家居获得的数据通过人工智能反馈给主人，例如"最近几天看电视有点多哦"；第三级是融合，当主人跟人工智能聊别的事情的时候，人工智能知道主人心情不好，就可以问主人要不要来一段音乐，或者直接播放一段主人平时听得最多的音乐。我们目前的智能家居最多做到简单的反馈。如我们耳熟能详的 Nest 温控器，可以自动调整主人需求的温度，并进行自我学习，但是遇到多人同时使用 Nest 时，记忆模拟曲线便会发生混乱，所以也只能算得上简单的学习反馈，还无法达到人工智能设备的标准。

人工智能的重要性与趋势可以用一句话来概括，如果没有人工智能进入智能家居，没有让智能家居产品拥有"会思考、能决策"的能力，而是继续把控制丢给烦琐的 APP，那么这个行业永远只是一个小众行业，永远是我们圈里非常热，但圈外不买单的一个行业，所以说人工智能的应用对于智能家居行业来说是未来的必然。

智能家居智能化制造的 3.0 和 4.0

3.0 基本上是中央控制，所有的都是集中控制和有限通信，是一个单量的过程。4.0 最突出的特点是知识存储和语音分析，所有生产制造过程是有弹性的过程。它很大的特征就是无线通信，因为科技发展以后，可以让无线技术变成随意使用的技术。3.0 和 4.0 有两个很大的不同，一个是大规模的生产，一个是大规模的定制。两者之间的区别在于，大规模的生产主要的管理理念是以产品为中心，以低成本赢得市场，现在大部分的产品目前还是在这个阶段，靠价格竞争。大规模定制是以客户为中心，快速响应来赢得市场。两者的驱动方式也有很大的不同，一个是根据市场预先安排，大规模生产是由产品经理负责，他根据市场的反馈，收集所有的信息，产生产品的订单，为产品定义生命期，安排生产。但是大规模定制是根据客户的顶点生产，也就是说根据部分或者是全部客户定制的方式来做。所以 4.0 时代,依据人的因素解决做产品的因素高于客户的需求,这也是智能化道路的未来。

智能家居企业不仅要把产品智能化,而且要全面智能化,包括生产智能化、设备智能化、能源管理智能化、供应链管理智能化,这是现在的行业主流概念,也是未来的趋势。传统的方式是使市场信息、材料、能源变成产品。智能生产方式是靠智能物料、云安全网络面向不同的智慧工厂,产生智能产品。大规模生产的品种比较简单,根据产品的规模来做这件事,大规模定制是根据整个使用的体验来做产品。

语音识别概念

早在计算机发明之前,自动语音识别的设想就已经被人们提及研究,早期的声码器可视作语音识别及合成的雏形。最早的基于电子计算机的语音识别系统是由 AT&T 贝尔实验室开发的 Audrey 语音识别系统,它能够识别 10 个英文数字,其识别方法是跟踪语音中的共振峰,识别率可达 98%,标志着人类在语音识别方面取得了重大突破。语音识别、手写识别等错误率保持每年 30%～50% 相对下降。方言识别、人人之间语音转写、语音听写、纸笔试卷手写识别等都在语音识别的研究范畴。

智能家居中使用的语音识别主要面向小型化的情景,如智能家电的控制、智能玩具的控制、智能汽车的控制,等等。语音识别技术的研究始于 20 世纪 50 年代初期,发展到 20 世纪 70 年代,各种语音识别装置相继出现,性能良好的能够识别单词的声音识别系统已经进入实用阶段,神经网络用于语音识别也已经取得成功。

语音识别和语义识别的误区

识别语音许多公司都可以做,但识别之后还要理解语义,而人类的语义规则却是千变万化的。以语义识别为主导的自然语言回答，代表了未来智能化的产品的终极形式。基于云计算的自然回答功能，结合智能家居系统在功能和应用上更是可以开拓无数，简单地对其下语音命令，如"开灯""拉窗帘"等，更可以利用云计算功能对其命令甚至是普通语言进行深度理解。如"问：天太热了。答：空调再开下去要低于舒适温度了，你确定真的要调低吗？"又如"问：我要辆车，15 分钟能过来。"智能家居自动拨号，并订车。

普通语音识别与自然智能语音识别

智能家居核心在于人机交互，人机交互在于语音识别、语音智能技术。仅仅是语音识别和语义识别还不能称为人工智能语音系统，因为这两个功能都可以通过庞大的数据库和巨大的人工录入工作来使前端性能表现得很好，智能反应的层面是自学习、知识判断、自优化这几个重要的特性，不是简单的记录，而是抽取、拆分、判断、记录，利用搜索技术抓取各类网页、书籍、文献，然后学习其中的知识，前端反应在语音方式的输入，终端反应在语音方式的输出。

语音与语义识别的应用

在安静环境、发音标准情况下的语音识别的成功率接近 100%，但是嘈杂环境、带口音、不连贯等情况下的语音依然是万年的老大难问题，所以说目前市面上的智能家居带语音的产品，效果与用户所想有很大落差，但语音技术正在从小规模的使用转向全面产业化成熟，尤其是在智能家居领域中产品级的软硬件非常多，许多智能家居系统都具备基本的智能语音功能，几乎所有的智能家居机器人都带智能语音功能。

美国年龄介于 13～18 岁的青少年当中，约有 60% 的人每天使用语音搜索，这些青少年再过十年将是智能家居的消费者，对带有智能语音的智能家居设备需求可想而知。语音识别企业在国内市场份额最大的是科大讯飞，国外做语音板卡最好的是 Nuance(纽昂斯)。

智能家居系统常见的控制方式有以下 3 种：面板控制、原装触摸屏、第三方面板控制，如 iPad、智能手机等，采用基于云计算和语音识别技术的智能家居系统将是最接地气的新操作方式，语音控制并不会替换原有的控制方式，只会交融使用，目的是让用户的体验感更好。在人机交流界面上，直接以语音进行操作也无需面板的存在，同时采用云计算，本地无需计算能力，因此控制端可以设计成便于随身携带的，如手表、挂耳式耳机等更加方便的控制端形式。

智能语音识别主要有以下 5 个问题

(1) 对自然语言的识别和理解。首先必须将连续的讲话分解为词、音素等单位，其次要建立一个理解语义的规则。

(2) 语音信息量大。语音模式不仅对不同的说话人不同，对同一说话人也是不同的。例如，一个说话人在随意说话和认真说话时的语音信息是不同的，也就是说一个人的说话方式随着时间一直在发生变化。

(3) 语音的模糊性。说话者在讲话时，不同的词可能听起来是相似的，这在英语和汉语中很常见，但这确实是智能语音能否识别精准的关键。

(4) 单个字母或词、字的语音特性受上下文的影响，以致改变了重音、音调、音量和发音速度等，往往难以识别。

(5) 环境噪声和干扰对语音识别有严重影响，也容易使语音识别率低。

● 计算机视觉系统与情绪识别应用趋势

情绪识别的概念

平时对智能家居的控制即是人脑控制方式的体现，而我们常指的操控仅是指感知觉的操控模式。如今天温度很高，正常情况下用户会把空调调低一点，但是用户今天心情不好想让自己出出汗，非要把空调强制关闭，这其中就包含了情感决定行为，人工智能在感知层上容易理解与模仿，但是更高层次的智能需要理解用户的心情，而不仅是人性化的思考与行为方式，这也是人工智能的阻碍。如果情绪识别控制无法进入智能家居控制中，智能家居控制达到的智能高度只能停留在"秘书"级别，而不是"妈妈"级别，更困难的难题是，智能家居人工系统不仅仅要建立个体行为的情感模型，而对于家庭而言，群体情感模型的建立更加重要。

传统的智能情绪控制主要是反射机制，如情绪识别系统识别用户不高兴，而虚拟智能系统的反应也是难过，自动将灯光调整到稍微温馨点的亮度，但我们不禁反问，用户需要的是更暗、更冷色的灯光还是更亮、更暖色的灯光？传统的反射机制一律判定为需要暖色且更亮的灯光状态，这是反射机制的局限性。随着对智能家居智能虚拟情绪系统的不断研究，发现人的行为应该是认知和反射，也就是说需要通过学习认知个体用户或者群体，才能综合判定用户需要什么，对于认知学习，需要的便是大数据。也就是说，我们未来的智能家居系统就是虚拟智能人管家，它不仅能够捕捉普通的操控需求，最终简直如朋友、如妈妈级别达到情感级的控制功能，也是家庭用户一个静默的陪伴者。

传统表情行为的映射

真实人表情	虚拟人表情	真实人表情	虚拟人表情
高兴	微笑	兴奋	惊奇
悲伤	难过	愤怒	恐惧
羞愧	愤怒	严肃	平静

人类情感是十分复杂的，不要说是人工智能系统，就是一个普通人想猜透另

一个人想什么,都比较困难,所以要想使情感机器人具有像人类一样丰富的情感和判断表现,目前还是十分困难的。但我们要知道的是,人工智能猜测人心的本领要比人类本身厉害得多。但目前需要解决现实问题,人工智能到底要不要应用到智能家居中,要不要建立便于机器实现情感度量与计算的模型,制造出具有初步基本人类情感或能近似模拟人类的基本情感、能产生和谐与生动有趣的人机交互环境的情感决策机器人,回答是 YES!

计算机视觉系统的概念

其实机器视觉是人工智能研究领域的重要分支,基于机器视觉对智能家居设备的升级改造,可以有效提升系统的智能化水平。

我们常见的是,基于网络摄像头的自然手势识别系统是以云平台为核心,借助开源计算机视觉库,对网络摄像头获取图像数据进行手势图像预处理、特征提取、手势运动分析等处理,采用手势控制智能家电,最终实现手势识别在基于云平台智能家居上的应用。

为了去除依赖外界设备识别手势,使手势以最自然的方式表现出来,基于视觉的手势识别便应运而生,此种方法是通过摄像头拍摄,获取手势图像信息,然后利用智能算法对所获得图像进行分析、处理,最后得到手势的运动状态。从应用方面来看,图像解析分两个层次:一是图像识别,主要利用图像信息的空间分辨能力,实现个体的身份认证;二是图像内容分析,主要利用图像信息的时间分辨能力,理解图像,进行目标行为的分析。

目前,图像识别在安防摄像机里普遍能做到,但通过语音分析捕捉到的图像内容非常困难。如通过阅读一段图像,理解图像的内容并把它表达出来,它描述的不是图像本身,而是图像的结构及表现的内容、情节。目前最成功的家用计算机视觉落地应用就是无人驾驶汽车,与此同时,机器视觉是人工智能正在快速发展的一个分支,人们希望机器拥有视觉并在某些应用中超越人类,完成人类不可能完成的工作。在商业应用中，机器视觉技术可以帮助机器人厂商打造高端交互性强的智能机器人，并且随着人工智能的发展以及云计算、大数据应用的深化，能够让机器人在非结构化的环境中自主实现识别、思考和决策。

图像识别与表情判定的误区

作为人类我们都以拥有情感而自豪，这是我们和机器在一种本质上的区别。目前，图像识别的高歌猛进让人脸图像识别的错误率降至只有 3％，情绪识别与人脸识别相同，同属计算机视觉的研究范畴，情绪识别也是人工智能的细支之一。

面部识别技术已经成熟，伴随着它的快速增长，"情绪分析"也得到了飞速的发展。目前的情绪识别技术已经可以融合几十张图片来构成一张真实的图片，即使你做鬼脸、戴眼镜、改变发型或者留胡子，都没法逃脱摄像头的法眼，而传统的图像识别很容易被骗过。深度表情识别的分辨率已经可以达到 97％，远远超过人类的辨识率，而且未来还会朝 99％的目标努力，但尚需更好的算法。

生物医学下的智能家居视觉控制

生物医学下的视觉控制方式有很多，而且研究者也越来越多。例如，常见的脑-机接口（BCI）是通过脑电信号（EEG）实现人与智能家居设备之间通信和交流的控制系统，对于残疾人和老人等使用智能家居设备有着十分重要的作用，让行动不方便的人们摆脱用肢体动作与外部环境进行交流的障碍。目前智能家居的发展尚停留在将目标客户锁定在正常人的范畴之内，面向残疾人的智能家居设备少之又少，所以在技术环境、脑电信号的发展对于人无需肢体动作来控制智能家居设备有着非常重要的意义。

又如稳态视觉诱发电位是视觉系统对外部视觉刺激的响应，对于视觉和认知能力正常的人，眼睛经过视觉刺激后会在枕区位置产生特定的电位信号，EEG

这种生物电不能直接用于控制电子设备,需要 BCI 控制信号的采集过程,包含信号提取、放大、滤波等的实现,然后进行特征提取,最终转化成不同的控制指令,由串口传送给智能家居控制模块。

自 20 世纪 60 年代中期起,机器视觉方面的研究工作开始转向解释和描述复杂的三维景物这一更困难的课题。目前这种通过脑电信号的实验已经在中国以及美国等国家实现,智能家居无线控制时间可以达到单次 5 秒,最远传输距离也可以达到 50 米,简单控制成功率 100%,下一步的动作是实现更加复杂、功能更加完善的智能家居系统控制。

● VR/AR 在智能家居中的应用

我们在谈 VR/AR 在智能家居中的应用,看中的不是全息影像为用户提供沉浸式的体验,而是其操控与组网的便捷性。借助 VR/AR 时代的到来,那时候展现在我们面前的智能家居,将是一个与现实一模一样的虚拟世界或者说是凌驾于现实世界的复合型世界。目前,智能家居产品价格普遍过高,而且需求与功能脱节,而 VR 活跃起来的原因正是产品本身价格低,而且需求满足度较高,总体的性价比要比智能家居产品高得多。但是 AR 产品与优质的智能家居产品一样,门槛高、价格贵,而恰巧的是,AR 产品才是未来智能家居需求最大的得力硬件助手。大家经常用 iPhone 举例子,说 2007 年 iPhone 出来时都是有钱人才用的手机,而现在已经满大街都是,普通人省钱一样买得起,又如二十年前,在汽车后装市场上购买电动车窗和电子锁是个奢侈行为,可如今几乎每辆车都包括这些功能。

VR 在智能家居的应用

因为 VR 模拟环境是与现实隔离的,而 AR 是在现实环境中做全息加法,所以在智能家居领域 AR 的应用比 VR 的应用范畴要更加宽广，但也不是说 VR 就没有用处，从打破时空的特性来看 VR 对智能家居的作用。通过 VR 智能家居体验厅，使用效果图、动画、沙盘等传统的宣传方式将随着 VR 的兴起而退出，因为 VR 的全景沉浸式体验会让用户身临其境，更加能够促进智能销售。不仅减少制作多样板间的费用，还解决了异地演示销售的难题。

其次是操控，对于用户而言，在使用 VR 娱乐或者游戏的同时，可以兼顾对智能家居的控制，既增加了与现实间的交互与管理，又节省了用户切换至其他终端操作的时间，VR 目前在内容软件层也都处在初始的开发阶段，在 VR 中安装应用来控制智能家居只是时间问题，但也需要厂家的不懈努力去开发 VR 相关应用，最终目的是让 VR 设备也成为智能家居的控制入口之一。当用户的生活还没到必须远程或者模拟控制的生活状态下，这种需求度并不高，但随着身边的实体屏幕或者虚拟屏幕不断占据未来人们生活时间的时候，人们会在潜意识下说：哇哦，原来隔空控制这么重要！VR 也许是将这种临界点提升的设备之一，但前提是需要 VR 大面积普及，这需要时间。

对于娱乐形式的互动，如智能家庭影院等各种智能娱乐设备都可以与 VR 对接，目前已经落地的有智能电视与 VR 的对接，而且开始尝试植入相关服务。2007 年智能手机 iPhone 刚问世时，真正消费的还是属于中产阶级、极客人士、手机发烧友等，真正的智能手机占领全球手机市场是经历了几年的发展，从智能手机的发展历程可以看出智能家居当前的发展也会像智能手机一样，只有让亿万家庭接受智能家居才是智能家居业务的引爆点，所以 VR 一样任重道远，得 VR 者也许可以得到智能家居的天下。

AR 在智能家居的应用

当用户戴上 AR 时，就像戴上一个普通眼镜一样，因为镜片透明，可以清晰地看到外部世界；镜片同时还是一个显示器，能够在真实世界的基础上增加 3D

仿真动画技术,进而产生一种虚实结合的效果,来构建出逼真的家居场景模型。如营造出较为真实的白天、夜晚及室内外效果,增强用户的沉浸感,并模拟实现家居中各种智能控制功能。

AR 是新一代智能终端控制平台,智能水平高于手机 APP 控制,与智能语音系统控制持平。AR 产品可以隔空控制智能家居设备,如开关灯、调整光亮度、开关空调、打开关闭电视等,完全是隔空的操作方式,不用触碰任何硬件,与智能语音的操控方式一样不需要触碰任何介质。通过增强现实技术,我们一进家里,眼中看到的是房间内的电器及其相关的一切信息,只需要手指轻轻一勾,这些电器的功能就会自动响应,不再需要亲自走过去操作或者掏出 APP 控制。举个形象的例子,比如用户坐在沙发上,想要控制距离自己 5 米的电风扇的开关,可以对着开关处做抓取手势,AR 设备便可以在全息界面上显示一个巨大的拟物转扭让用户控制电扇的开关,或者可以对着电扇做出旋转动作,电扇便可以开始转动。

有人说,AR 不就是智能手势控制吗? 传统智能具有手势控制能力,但有一定的区域性和误操作性,而佩戴 AR 设备的用户并不会有误操作,AR 至少需要进入全息图像模式才能进入智能家居控制模式。AR 能如此强大,其实运用的就是视觉系统,靠着强大的传感器摄像头来捕捉用户的行为动作,也就是说 AR 设备相较于手机具有更高效的管理能力,是更高效的智能家居管理系统。

智能时代在不断变化,从桌面 PC 走向个人 PC 时代,再从个人 PC 走向互联网时代。如果说 iPhone 开启了移动互联网时代,也打开了智能家居的第一扇大门,那么第二扇大门也说不定将由 AR 设备打开。智能手机,不过是将短信控制升级成为 APP 控制,AR 设备将会让智能家居的控制更加炫酷,也更加真实化,还依稀记得最初的远程烦琐控制,用户用手机编辑一段控制器能够识别的特殊编码来控制家中灯泡的开关,到现在的 APP,再想想未来的 AR 控制,虽然看似越来越简单,但科技含量越来越高,百年积累的优化交互方式将让智能家居的未来愈加有趣、简单。

手机屏幕的尺寸非常具有限制性，而 AR 设备的全息界面实际上可以等效于非常巨大的屏幕，而且 AR 设备可以将虚拟大屏分割成许多小屏，这对于操作智能家居复杂且多的设备具有天然的优势。例如，用户身在客厅，想要打开卫生间的热水器，如是通过手机，则需要打开自己手机上的 APP，从众多的设备之中挑选出热水器，然后在各种数据条中修改参数；如使用 AR 设备，就可以调出一个家庭 3D 模型，抓取卫生间的位置，放大之后直接点击热水器的 3D 模型，操作可视化，就显得自然得多，操控热水器的时候，AR 设备显示的面板可以完全仿照热水器，降低用户的学习成本，同时借助热水器厂商常年对自己的面板优化的成果，达到最优的效果，让用户即使身在户外，操作感受也如同在家中一般。

在这里要简单提一下语音控制，因为户外环境有噪声干扰，同时也会有不方便说话的情况，这个时候手势识别将会是主力操控方式，AR 设备也是支持语音控制的设备，所以在此介绍 AR 设备主要介绍具有特色的手势控制效果。AR 设备可以直接显示每一个用户眼中能看到的设备的信息，直观方便，同生活的环境结合起来，而不是创造一种界面。手机上的设备信息界面都是被 APP 隔离的，告别解锁设备之后查看推送消息并且做出选择，AR 设备无需解锁、无需查看信息，在自己视野的一角便出现了推送，而可以选择做出抓取的动作来表示确认，或者大手一挥，将其忽略。因为 VR 门槛低，所以国内厂家都在纷纷炒作制造 VR 设备，但是对智能家居而言，VR 设备因为与现实隔绝，所以实际应用基本要依靠 AR 设备，能够大大降低操作的复杂性是 AR 对智能家居终端操作的变革，那一天一定会到来。

AR 智能家居系统功能需求

AR 智能家居系统将人们的居住环境真实地展现在用户的 3D 全息屏上，让用户有身临其境的感觉，同时提供部分可控节点，可以随时随地地控制虚拟家居产品。AR虚拟场景的三维交互可以分为6个部分：虚拟展示、场景漫游、节点控制、信息查询、虚拟监控和尺寸变换。

（1）虚拟智能家居展示：提供虚拟家居模型，使用户可以轻松预览各个设备的状态与家居环境。

（2）漫游功能：第一人称自由视角漫游让用户体验操控虚拟场景的漫游感，固定视角漫游可以让用户随时切换到被监控状态下设备的实时数据。

（3）节点可控：开放部分节点，可以供用户控制。

（4）信息查询：用户可以通过虚拟场景查询到用量、环境参数等信息。

（5）虚拟监控：提供虚拟监控摄像头，并且可以自由切换角度、距离等。

（6）尺寸变换：例如，虚拟视频、虚拟控制按钮、虚拟数据显示大小可调。

AR 与 APP

AR与APP最大的不同之处是三维与二维的信息界面提供，三维相比于二维往往可以更加真实、准确、直观地将家居的状态信息反馈给用户，可以让用户更快速地获得状态信息反馈，也可以在一定程度上减少用户的误解和误操作。

智能家居从业者们都希望自己能够实现真正的智能家居，在完全不打扰用户的同时又服务于用户的方方面面，因为技术原因肯定难以做到。例如，最简单的位于家中实时的控制并不能做到更简便，远距离操控的体验还能让人接受，但是近在咫尺，比如相距5米的距离操控家具还要用APP这样的手段来达到用户的目的，这种体验比不上原有的非智能操控方式，如何将这个终端悖论解决掉？AR设备不仅可以远程控制，在屋里的可视范围内都可以控制。

由于机器学习技术和信息互联互通的限制，离智能家居的最高境界，完全自动化还有一段距离，在全智能之前，人工干预是必须的，如不进行人工干预，可能会造成水、电的浪费，甚至更大的损失。但是现有的终端如智能手机不足以支撑高效及时的人工干预，所以 AR 设备的重要性就体现出来了。最终的智能家居一定不依靠人的干预而具有自我意识的控制，但在实现最终目标前，AR 设备和手机都界定为处于智能家居不同发展时代的辅助控制型过渡产品。

AR 设备的优势不仅在于控制方面，还在于识别方面，目前智能家居子设备的组网方式五花八门，控制终端并无识别子产品的功能，识别子产品的功能目前交于网关去识别组网。当然，这也与标准有关，AR 未来通过视觉系统就可以识别将要组网的子产品，添加设备的方式转变将促进智能家居的巨大发展，就算现在的产品互联互通，交于用户去组网也是一件苦差事，通过视觉扫描组网，使组网时间可能只需几秒就能入网上百件智能家居设备。

总之，AR 设备将会把智能家居的易用程度和方便程度提高一个档次，可以让用户能够比用智能手机更方便地控制家居，成为更好的终端方式。但是，目前虽然 AR 好用，但超级昂贵且产品形态笨重，而智能手机人手一部，就算 AR 产品在近几年小型化且降低成本，AR 想迭代掉智能手机估计也是需要一定时日，所以目前可选的控制终端还依旧多为手机。

AR 与虚拟机器人

将机器人存在于 AR 呈现的 3D 全息界面里，将更加具有个性化且易交互性。我们都在研究将实体机器人应用到家居中，对于 AR 的迅速发展，承载在 AR 设备上的虚拟智能家居机器人一样附有一定的交互功能，而且架构更加容易，不用被大量的伺服舵机所束缚。

国内目前的三维技术已经很成熟，但多用于游戏和娱乐领域，尤其是 VR 领域非常重视三维游戏和娱乐的开发，中国很多企业在努力做 VR 的布局，但是在智能家居领域中也多是做宣传视频，真正的 AR 应用目前还未见到。随着移动硬件性能的不断升级，在 3D 界面上实现的虚拟全息界面已经越来越逼真，再加上智能家居产品中均逐渐部署传感器,使得 AR 设备获取现实家居设备的信息状态越加容易,最终实现 AR 三维场景与现实家居环境的同步。

是不是所有事物都可以交由人工智能来处理呢? 答案当然是否定的。一些私密性比较强的操作或者临时性的操作需要人自己来完成。人的行为非常难以预测,机器的智能不能总知道用户到底需要什么。将操控需求简单分为两层,一层诸如照明系统、温控系统、供水系统等提供给我们基本生活所需的设备,可以通过用户使用习惯等数据实现自动的智能化操作,这类设备可以交由人工智能代为管理;另一层则是诸如电视、电话等设备,和我们的精神、社交生活息息相关,人们的主观需求更强,这些设备再智能也很难满足我们连自己都不知道会发生什么改变的需求。

● 智能家居基础元器件传感器

智能家居传感器的概念

什么是智能家居的传感器,一言以蔽之,智能家居传感器就是用户的个人感官所获,在智能家居系统中以数据体现,如智能家居想要达到非常人性化的应用,传感器的采集能力一定要超越人类本身所能感知的一切。

简单理解,就是调整空调温度,在我们非常热的时候,自己会将温度设置得非常低,而智能家居传感器得知用户体质不适合将温度调低至 20 度以下,或者系统检测用户刚刚运动回家不适合低温,用户强制设置 16 度会进行一次否定或者警告,这一次温馨且准确的提示会预防用户的负面问题发生。

传感器检测的物理量

我们在家居环境中需要检测的数据可谓五花八门,都要靠各种传感器来捕获数据，如温度、亮度、声音、气体、压力，等等。如温度收集，系统可以自动启动家中的降温或取暖设备，让用户每天都能享受最舒适的温度；亮度收集，光敏传感器采集光照度，系统根据用户的需要达到最理想的亮度，而且当外界环境发生变化时还能自动调节，以达到节约电能的效果；声音收集，音频传感器接受音频信号转化成电信号，以实现用户语音的各项控制；气体收集，常见的湿度、有机挥发物、PM2.5、烟雾、燃气等物质检测，等等。

传感器与人工智能

传感器是人工智能最基础的硬件，类似人类的感觉获取器官。大量的传感器即可实现"感知+控制"，而家庭自动化＝感知+控制，这种层面的信息交互与人机交互，还需人的参与。而人工智能将人类的逻辑大脑赋予机器，实现"感知+思考+执行"，最终上升到这种层次。

智能家居常见传感器与原理

家居传感器的监测方法多种多样，即使是最简单的温度传感器都有不同的检测机制与方法。例如，最常见的热电检测方法是将两种不同材料的导体或半导体 A 和 B 焊接起来，构成一个闭合电路，当导体 A 和 B 的两个执着点 1 和 2 之间存在温差时，两者之间便产生电动势，因而在回路中形成一个大小的电流，温度传感器热电偶利用此效应来工作。

又如可见光传感器是通过可见光的强度变化转换成电流或电压变化的元件，光电传感器是采用光电元件作为检测元件的传感器。它首先把被测量的变化转换成光信号的变化，然后借助光电元件进一步将光信号转换成电信号。光电传感器一般由光源、光学通路和光电元件三部分组成。

再如常见的声音传感器是内置一个对声音敏感的电容式驻极体话筒，声波使话筒内的驻极体薄膜振动，导致电容的变化，而产生与之对应变化的微小电压,这一电压随后被转化成 0～5 V 的电压,经过 A/D 转换被数据采集器接受,最终传送给计算机进行辨别。

传感器的诸多特性

传感器有多种多样的特性,也正是这些特性才使得监测原理的可行与检测结果的准确。如灵敏度是指传感器输出变化量与被测输入变化量之比,主要依赖于传感器结构所使用的技术,大多数气体传感器的设计原理都采用生物化学、电化学、物理和光学。首先要考虑的是选择一种敏感技术,它对目标气体的阀限制(TLV-thresh-old limit value)或最低爆炸极限(LEL-lower explosive limit)的百分比的检测要有足够的灵敏性。还有稳定性是指传感器在整个工作时间内基本响应的稳定性,取决于零点漂移和区间漂移。零点漂移是指在没有目标气体时,整个工作时间内传感器输出响应的变化。区间漂移是指传感器连续置于目标气体中的输出响应变化,表现为传感器输出信号在工作时间内的降低。理想情况下,一个传感器在连续工作条件下,每年零点漂移小于 10%;选择性也被称为交叉灵敏度,可以通过测量由某一种浓度的干扰气体所产生的传感器响应来确定这个响应等价于一定浓度的目标气体所产生的传感器响应。这种特性在追踪多种气体的应用中是非常重要的,因为交叉灵敏度会降低测量的重复性和可靠性,理想传感器应具有高灵敏度和高选择性;抗腐蚀性是指传感器暴露于高体积分数目标气体中的能力。在气体大量泄漏时,探头应能够承受期望气体体积分数 10～20 倍。在返回正常工作条件下,传感器漂移和零点校正值应尽可能小。

● 云计算

云计算的概念与趋势

云计算是英文"Cloud Computing"的中文翻译,"云"的含义是指软硬件资源在远端而不在本地，它是一个抽象的概念。简单来说，云计算就是提供基于互联网的软硬件服务。云计算是网格计算、分布式计算、并行计算、效用计算、网络存储、虚拟化、负载均衡等传统计算机技术和网络技术发展融合的产物。云计算将计算从用户终端集中到"云端"，是基于互联网的计算模式。按照云计算的运营模式，用户只需关心应用的功能，而不必关注应用的实现方式，即各取所需，按需定制自己的应用。最简单的云计算技术在网络服务中已经随处可见，如搜索引擎、网络信箱等，使用者只要输入简单指令即能得到大量信息。

物联网应用依靠云计算平台实现大数据计算、存储，多网融合的结构需要对云计算平台有良好的兼容性及统一性要求，避免因网络融合过程引起不必要的数据包丢失等现象的发生。服务于物联网应用的信息存储平台的数据管理是物联网应用大规模推广以及与已有网络服务对接的关键。

基于云平台的智能家居系统，以云平台为核心实现存储和计算，综合利用嵌入式技术、传感器技术、短距离无线通信技术以及智能化音视频处理技术形成"以人为中心"的智能家居系统，在这种智能家居系统中，云平台提供用户认证、数据存储以及与家庭网关相连的编程接口等基础服务，在这些基础服务上，云平台可以提供一个软件生态系统，实现语音识别、图像识别、手势识别等智能化应用服务。

智能家居网关作为家庭内部网络与云平台相连的通道，使网关从传统智能家居既负责通道又负责管理的任务中解放出来，一是减少成本，二是提高稳定性。此外，用户终端可以通过手机、平板电脑等登录云平台获得智能家居定制化服务，只要用户拥有相应权限，就可以在家中或外地方便地控制智能家居系统。

目前，使用云平台技术的智能家居系统多为无线系统，使用了比云平台的无线系统相对传统的有线系统，布线更简单、管理更高效以及智能化更灵活。对于基于云平台的智能家居系统，其核心功能在于背后提供的服务。当大多数智能家居系统都利用分布式云端系统进行场景运算和学习时，智能家居才能真正实现用户的无感操作,摆脱对于手机 APP 等遥控手段的限制,因此,未来智能家居企业的竞争,大多数都是"云上"的竞争,比拼的是云端和软件服务能力。

云计算应用于智能家居的优点

当用户下班回到家,可以通过门口处的指纹锁或人脸识别设备进行身份认证,为了确保安全性也可以使用双重甚至多重认证,当智能家居中心处理系统通过识别并确认用户身份后,开启门锁,同时登录云平台智能家居系统,系统开始为用户提供个性化的服务。

云平台智能家居系统通过机器学习的方式,将用户每次回家登录系统后常用的习惯以及在家中活动的规律记录在云端的数据库中,进行统计分析,便于下次用户回到家中,云平台智能家居系统根据用户习惯自行布置适合的应用场景。

当用户想更换智能场景时,只需要发出语音命令或者在摄像头范围内做出肢体动作,系统即可识别用户意愿,从而实现相应的场景控制以达到用户想要的场景氛围和生活环境。

从传统角度来讲,现在正是一个最追求速度的时代,传统厂商缺少互联网开发的相关团队,也对架构的理解不深。传统智能家居硬件厂商的模式是直接卖硬件,通过硬件来实现毛利,甚至是净利,但是互联网化以后,硬件卖出去之后是有用户的,用户的价值比卖出去的硬件价值要大很多,智能家居厂家运用云平台可以在大数据时代进行突破式发展。目前,前沿的云平台技术可以将硬件厂商的研发效率提高 10 倍以上,研发成本也可以节省一半多,并且可以支撑千万级设备。不仅是传统企业在接入云,包括很多第三方智能家居平台都在与云平台对接,如 VillaKit、Hilink 等,仿佛已成为逃脱不了的架构模式。

云计算与数据处理

智能家居系统所产生的数据包含的面非常广,既有硬件传感器的数据、也有硬件本身运行状态、也有用户和硬件交互、还有用户通过 APP 等客户端产生的、更有用户自身使用习惯和生活场景等等数据，这就导致整体的智能家居所能产生数据的积累速度和量都很大，同时，数据又是企业的一种战略资产，所以，采用分布式大规模的云存储架构是满足企业高速发展和创新需求的必然趋势。当然云数据中心的实现既可以是自行搭建服务器集群的私有云，也可以直接租用大型云计算公司所提供的服务。

云计算的应用技术（IaaS、PaaS 和 SaaS）

如果说智能硬件是智能家居的身体，软件是骨骼，布线是经脉的话，大数据和云计算就是智能家居体系的大脑所在。作为物联网、智能家居的大型数据承载平台，"云"是智能行业发展不可缺少的重要角色。

基于 Internet 的云平台服务总共包括 3 种：基础设施即服务（Infrastructure as a Service，IaaS）、平台即服务（Platform as a Service，PaaS）和软件即服务（Software as a Service，SaaS）。IaaS 是最基础的一部分，提供消费完善的计算机基础设施服务，如存储和数据库的服务；PaaS 提供了用户可以访问的完整或部分的应用程序开发；SaaS 则提供了完整的、可直接使用的应用程序。

PaaS 提供给消费者的服务是把客户采用提供的开发语言和工具（例如 Java、python. Net 等）或收购的应用程序部署到供应商的云计算基础设施上去。客户不需要管理或控制底层的云基础设施，包括网络、服务器、操作系统、存储等，但客户能控制部署的应用程序，也可能控制运行应用程序的托管环境配置。对于使用 PaaS 平台的智能家居厂家，只需要写简单的代码就能实现联网硬件的云端智能化，进而实现用户管理和绑定、云端数据存储和大数据 BI 分析、用户身份认证和安全审计、高并发的用户访问控制等功能，而不需要再将自己最核心的产品功能研发和创新外包给其他解决方案商，也不需要再花精力解决云端服务的服务器部署管理、负载均衡、自动容错、自动扩展、24 小时无间断监控运维管理等难题。PaaS 的优势在于分布式规模化、可扩展组件化、让智能家居厂商自主定制开发属于自己的云端服务。如许多面向智能家居垂直领域的 PaaS 企业，专门针对智能硬件打造"云端一体化开发引擎"，基于 Matrix 提供的设备和 APP 端的 SDK 以及云端大规模连接、分布式存储、虚拟化等技术，让智能家居企业专注于业务逻辑，轻松实现全球化部署和自动化运维，从而快速进行产品迭代创新。对于智能家居企业可以获得多重价值，如使用云智能引擎，快速实现大规模设备智能化；深度优化联网协议和固件；可以采用多地域设备接入架构；大数据存储；提供物联网云服务快速开发框架，厂商 APP 人员也可自主开发出顶级的云端服务；利用 PaaS 虚拟化技术，自动让厂商自己开发的服务支持大规模并发访问；获得 OTA 功能，内置快速调度算法；根据 APP SDK，只需几行代码即可实现设备激活和远程控制，访问云端服务；获得自管理、自修复技术，无需任何运维管理人员，自动实现服务高可靠；享受大数据分析引擎，让自家智能家居硬件轻松实现商业智能等等。

　　BAT 的 IaaS 层做得很好，已经将智能家居需求的云端基础设施搭建好，其中包括网络、服务器、操作系统、存储等，BAT 的 PaaS 也可以解决多地部署的问题，但外部许多 PaaS 平台和 IaaS 平台在物联领域属于竞争关系，BAT 的 IaaS 平台拥有其他 PaaS 平台不具备的互联网先天地位和用户流量优势，可以很好地解决客户的短期销售目标诉求，以及用户流量导入诉求。而后起的 PaaS 型企业拥有中立性，更加专注于为智能家居企业入云提供服务和技术，从而通过搭建物联网云服务快速开发框架，让智能家居厂商现有的研发团队可以轻松快速地开发出硬件所需的云端功能。所以，智能家居厂家在选择 PaaS 平台开发系统时，需要谨慎选择。目前，阿里云在中国的公有云市场占据着最高的市场份额，阿里云主要是 IT 基础架构的模式，阿里云推出的云服务器 ECS、关系型数据库服务 RDS、开放存储服务 OSS、开放数据处理服务 ODPS 等产品服务，厂家可以根据这些架构做开发，增加自身的智能应用。阿里研发的基于云计算、以数据和服务为导向的万物互联网操作系统 YunOS，具备高兼容性和可扩展性，广泛适用于各种 IoT 设备，包括智能家居等多种智能终端，以及芯片及传感器，拥有一站式的数据平台和多层级的安全框架。

SaaS 模式是厂商将应用软件统一部署在自己的服务器上，客户可以根据自己的实际需求，通过互联网向厂商定购所需的应用软件服务，按定购的服务多少和时间长短向厂商支付费用，并通过互联网获得厂商提供的服务。用户不用再购买软件，而改用向提供商租用基于 Web 的软件，来管理企业经营活动，且无需对软件进行维护，服务提供商会全权管理和维护软件，软件厂商在向客户提供互联网应用的同时，也提供软件的离线操作和本地数据存储，让用户随时随地都可以使用其定购的软件和服务。对于广大智能家居中小型企业，尤其是初创企业来说，SaaS 是采用先进技术实施信息化的最好途径，它消除了企业购买、构建和维护基础设施和应用程序的需要。如目前智能厂家趋之若鹜的智能化客服系统升级，可以根据智能硬件设备及 APP 定制相关的移动云客服解决方案，只需与智能硬件控制的 APP 简单集成，即可在用户需要帮助时一键发起求助，实现 VoIP 语音通话，在授权给企业客服后，还可由客服对该智能硬件及所对应的 APP 进行可视化的远程操作及协助，而对于厂家而言，客服可以通过后台统一管理及分配任务，实现文字+语音+视频的 360°全新的客服服务模式，这种新型的智能化客服软件即是 SaaS 的常用典型应用之一。

云计算的安全性

设备接入云端，云端要验证设备，设备也要验证云端，如常见的 DNS 劫持，用户的数据内容就会流到别人的设备上，需要做数据加密。另外网络也不是可靠的，网络可能被别人攻击，虽然不知道协议，但数据可能会发过来，云平台的各个层次都要做好防攻击的准备，来校验数据是否合法。

还有设备绑定，比如说最简单的方式，用户知道一个 ID 就可以做绑定，这种方式肯定不安全。比如说随便改变用户的设备 ID，所以就要考虑绑定码的机制。设备被云端激活之后，云端给用户一个动态的绑定码，APP 绑定的时候通过局域网做通信拿到绑定码，如果操作者没有对设备完全控制就拿不到此绑定码，并且绑定是有时效性的。

还有给设备颁发一个 Pin 码，用户需要知道这个设备跟 Pin 码是怎样一一对应的管理，防止被误绑。一般设备不是某一个人的，而是家庭里所有成员能共享的，所以必须要有分享机制，分享的时候绑定码要有时效性的考虑。

认证访问请求方面，首先是认证所有访问请求，在访问层确保所有用户都是可信的，要验证用户是不是有访问控制权限；其次要保证这些数据，即包括账号和密码不能被泄露，如果是明文存储，一是损失用户其他的系统安全性，另外伪造者对用户所有的设备会产生影响。

另外是防攻击，在云端出现极端异常的时候如何做降级来保证智能家居系统的功能基本正常，让用户的一部分体验得以满足，总比完全瘫痪要好得多。

云计算智能家居服务平台特征

我们对云计算智能家居服务平台特征可以进行简单的总结：

本身用户对于遥控方式习以为常的设备，比如空调、电视、窗帘电机、音箱等设备，是智能家居的重头，此类设备人们最强烈的需求是摆脱繁杂的遥控操作，期待更加聪明的操控方式。

高频操作的设备，例如开关，因为开关本身包含许多场景习惯，而预置的场景并非是用户个性化的场景需求，当随着智能开关对于用户生活的不断学习，场景模式也会浑然不觉地发生改变，这种场景的改变，本地"进化"难以实现。

（1）具备天然的内容属性，比如电烤箱等厨电，因为有食谱的内容属性，因此具备天然的互联网用户和基因，可以很好地通过硬件+内容的模式做得更好。

（2）联网后带来的信息透明化让人们对于原来不确定的预期结果产生了确

定的预期,从而极大地提升用户的使用感受。比如净化器、净水器等等,由于将空气质量和水质数据透明化,使得用户对相关设备的使用结果有明确的预期,从而可以极大提升用户体验,进而生发出很多新的服务模式。

(3) 诸如健康和医疗设备,天然具备服务属性。人们使用它更重要的是看中其背后的服务。这类设备也是天然的互联网设备,从而让厂商转变模式,由产品销售型公司转化为服务增值型公司,也就是数据运营类公司。

设备入云的前后期成本

使用云端的智能家居系统,云接入每个设备的成本会随着接入设备的数量越大而逐渐降低,打个形象的比喻,对于设备量在千万左右的企业来说,可以让企业像装修房子一样,用一万元,装修出几十万元的效果。因为基于云计算的智能家居系统主要由 3 部分组成:云平台、控制端和家庭设备,设备入云后,可以将控制端如将中控做轻,将云端做厚,在云端升级操作体感非常方便,不需要客户自行升级,同时自检系统可以快速诊断设备故障,也可降低客服成本。

智能家居数据运营探讨

数据运营的概念

智能家居 3.0 时代是数据运营时代,即智能家居用户大数据收集及使用和管理,运用这些数据进行变现的能力是数据运营。智能硬件区别于传统硬件的核心在于硬件背后的云服务和大数据。

在数据运营时代,厂家不仅有硬件,还有软件和服务,这也是未来公司价值的体现,最终服务的价值体现一定是最重要的,在加强设备操作体验的同时,注重用户的偏好和用户沉淀,最终利用大数据可以提供很多潜在的高价值服务,服务可以产生流动的变现能力，而硬件仅仅是一次性的收益或者说是长周期性的收益。智能家居3.0时代标志着鸿雁将要做数据的所有者，通过对用户的数据进行分析挖掘，把隐藏在海量数据中的信息作为"商品"，供B端和C端共同使用，来创造价值，也就是从制造商转向服务商的路径。

数据运营的现状

如今互联网+的时代，变现的通道在硬件上的需求愈发减弱，网购可以通过台式机、平板电脑、手机乃至身边的任何带屏设备，而真正的变现特性是消费者，服务都是凌驾于交互之上，而服务即是流动的现金流，未来智能家居的硬件变现入口市场正在向众人敞开，占据风口的意义重大，占据风口才有后期的运营。

盈利模式由制造向服务迁移，智能家居还未进入硬件消费大爆发的过程，当硬件爆发升级后，智能家居硬件本身的差异会逐渐缩小，最终硬件将不再是主导消费者选择的主要标准，而是将关注度放在硬件产品本身的延伸以及相关的服务价值上，基于增值服务盈利的模式是典型的互联网思维，而智能家居与互联网又密不可分，基于智能家居平台未来庞大的市场前景，智能家居3.0的数据运营时代一定会到来，届时，海量的用户数据将具有更高的价值。

数据运营的第一步是硬件基础，智能硬件的打造是将传统硬件升级成智能硬件，并落地在家家户户，所以现阶段需要将原客户与原渠道升级，原本的客户与渠道就是传统行业的客户与渠道，在智能家居行业始发阶段，对用户数量的把握、对智能家居渠道的升级、对未来服务性运行的黏性价值，都要做深刻的布局。届时，互联网的智能化倾向正在向传统产业渗透，而传统企业也在自发觉醒地发生剧烈转型，这是当前智能家居涉及传统领域企业的市场特征。对于智能家居平台的掌握，是企业战略领先的关键，掌握了智能家居平台即掌握了入口和数据，在智能家居3.0的数据运营时代才能将数据化得到很好的应用。

数据收集、管理以及数据分析

智能家居的数据收集主要针对家居封闭环境，数据收集也存在大量常规的重复数据，而且是持续不断地进行中的数据。数据收集的意义首先在于对用户的理解，其次是对商业的理解。

数据只是表象，是用来发现、描述问题的，与粮食相比，它仅仅是种子，最终的开花落地需要解决用户的实际问题。这些数据怎么运营、怎么发挥更多的价值，这是后续智能硬件要有长远发展所必须考虑的问题，这是对于厂商的挑战，智能家居数据运营最终的高级形式，是结合人工智能的数据运营。

数据管理中的手法之一是分析，因为数据是散的，需要将海量数据梳理框架，把数据放到一个有效的框架里，才能发挥整体价值，有效的框架能够快速定位问题所在、快速定位需求所在，这又涉及数据的落地。

针对每个人收集来的数据都不一样，不同人对于数据的需求又不一样，如何各取所需，针对所需发挥数据的魅力，分析数据非常重要。用户的搜索数据、购买数据、健康数据、使用数据、习惯数据等需要结合分析，所以数据分析模型比互联网的模型还要复杂，海量数据呈现在智能家居厂家的面前，需要建立专业的逻辑分析方式来处理这些数据，因为有了分析后才会发现数据的个性与共性，最终实现应用。

数据运营的多维数据分析

举个例子，家庭智能磅秤，月底过磅女主人是110斤，而这个月都是110斤，这个常规的重复数据有什么意义呢？这样重复的数据我们在二维坐标上看作是线性数据，参考系仅仅停留在时间与重量，如果将这个数据标示在三维坐标上，加上比较对象的数据，这个比较对象的数据可以是同样年龄、同样身高、同样国度、同样健康的众多女主人的体重平均值，用户在得知这个数据比较后，会有不一样的体验感,商家在得知这个数据后,可以提供很多减肥的服务建议。

上面的例子只涉及数据的三维坐标,我们还可以继续拓展到多维坐标。继续将这个三维坐标加上一个维度变为四维坐标,第四个坐标可以涉及女主人的体重预测趋势分析,这个分析基于最近的家庭饮食、锻炼幅度、健康状况等,又是不一样的体验。

参考系不断被加入,多维数据图被建立,众多的单一数据将会是一张张海量的数据网,这些数据的变现能力是无穷的,这种主动通过数据获取用户需求的方式将彻底打败传统商家被动挖掘用户需求的模式。数据的落地在建造多维数据网的同时,需要设置基准线,基准线可以根据个体设定目标,可以根据家庭平均水平,也可以根据历史的同期数据等等。

在数据运营的入口硬件方面,传统制造商有着得天独厚的技术优势和产品优势,如何将优势转化为海量的用户群体支持打造的生态链? 数据运营是新形势、高层次的渠道,可以开拓更加细分的市场空间。如上面例举的智能磅称,用户的需求被数据发掘,这种旺盛的需求无时无刻不存在数据之中,用户接受服务后,最终就是变现上的支持,这种得天独厚的潜力去发现细分市场是大数据独有的优势。

数据运营激发的"两端困难"

成功的数据运营一定依靠海量的数据,但是追踪后的所有数据能否运营成功又是另一个议题,商业运营数据首先需要衡量数据运营的效果。从硬件入口、到数据收集、到数据管理、再到数据运营,最重要的是两端,即入口端与运营端,但为何又激发出两端的困难?

目前,用户最认可的智能家居控制终端,不是手机 APP,而是我们每家每户都能看到的开关面板,开关面板的优势很多,操控直观,老人儿童均可操作,产品形态成熟,应用成本低等。开关面板不仅适合前装市场,还适合后装市场,尤其是传统开关面板到智能开关面板的简单替换。为何当前手机终端控制在智能家居领域异常火热？因为智能手机是"智能的化身"，任何不智能的产品与智能手机一旦关联，都可以称之为"所谓的智能产品"，这些所谓的智能产品一旦能提供沾边家庭的功能，就称之为"智能家居产品"，但严格意义上说，这些都是"伪智能"产品。无论是手机，还是开关面板，也只能作为数据收集入口的一部分，整个智能家居系统非常复杂，有非常多的入口数据需要收集，海量数据能否归结为同一运营商又是一项很棘手的问题。所谓两端困难即前端入口太多收集难，后端难以汇集到一起。

数据运营的间接生产力或直接生产力

各类数据相互结合运营后，可以作为间接生产力或直接生产力。

间接生产力是指数据价值通过运营传递给消费者，上面磅秤的例子就是间接生产力。

直接生产力是指数据直接通过生产来作用于消费者。举个开关面板的例子，数据统计用户一个月未使用曾经高频使用的开关，设备后台进行远程自检，发现故障，服务商开始上门服务，经销商知道区域存货要多一件，厂家知道自己品牌的何种产品需要增加量产一件，政府知道 GDP 又将增加多少，等等。智能家居的数据将会缔造一个高效的社会，未来一个城市的数据流动率将会决定这个城市的发展速度与规模。

如果不能利用数据产生价值，将非常可惜，也将是一个灾难，数据产生越多，存储空间、浪费的资源也就越多。但总体来看，数据运营不论以间接生产力还是直接生产力的方式体现，最终都会成为下一个时代的新浪潮。

数据运营的涟漪效应

一组初始数据获取后，再作用到 C 或 B 端，然后会获得反馈数据，这些数据与初始数据彼此息息相关,再作用后又是一组数据的获取,然后再反馈得到再反馈数据。通过这些涟漪的各组数据之间,我们会发现生活的本质就是数据,说得更纯粹一些,数据本身就是数字。这与我们多年的科学研究,将数学作为所有科学的基础,说得更纯粹些,所有的科学都离不开数字。数据的重要性通过涟漪规律下的数字体现,智能家居数据的最本质就是生活的科学,通过科学的数字来造福人类的家居生活,这也是智能家居命中注定的规律,通过大数据的高级形式来挖掘最本质的数据属性,来作用于家居生活的点点滴滴,是每个智能家居制造商和服务商最终要融合成的终极道路。

数据运营的变现能力

变现能力在硬件销售下是会大幅度折价套现的,而通过大数据服务提供的变现能力是难以折价的,且是大规模长期的现金流。对于大数据的变现能力,即如何利用好大数据取得经济效益。智能家居属于细分领域,细分领域的数据运营要更见真功夫,公司资产在一定时间和价格内的变现能力越强、质量越高,能力也就越大。

在硬件可以保障的智能家居系统良好的情况下,运用大数据下的服务系统可以提供给客户更加优质的服务体验,也就是说谁的大数据收集得好、分析得好、应用得好,谁就能获得未来消费者的心。例如广告服务,对于未来家居多屏时代的到来,用户无时无刻都有着消费需求,同样一个广告弹送,如弹到客户心里或说到消费点上,客户是不会抵触的,而且还会直接购买。

如何把握用户的心就需要对用户长期数据的收集和分析,而智能家居系统正是细分领域的数据入口,具有得天独厚的优势。最终用户会看中服务来选中硬件,而最大的变现资金流是在后期服务上,硬件只不过是一次性或长周期性购买,对于变现能力的帮助不大,在物联网的思维下,最终能够胜出的企业一定会将大数据运用得淋漓尽致。

● 智能家居机器人

智能家居机器人的概念

智能机器人在整个行业乃至国内包括全球来说都是比较新的东西，首先用智能家居的另一个产品来理解什么是家庭智能机器人。要知道，所有的智能活动都是反馈机制的结果，而这种反馈机制由机器模拟。智能家居中最熟悉的反馈控制例子是智能温控器，它将收集到的房间温度与期望的温度比较，并做出反应将加热器开大或关小，从而控制环境温度。举例小小的温控器，机器人的智能程度是 N 个温控器的集合，家庭智能机器人考虑的不仅仅是温控，也不仅仅是对智能家居各个系统的控制。

机器人本身有一些功能，比如说语音识别、人脸识别，甚至包括表情识别，但厂家和用户更看重机器人能不能做深度学习，有没有数据挖掘的功能，而不是某一个或者是很多我们看到的跳舞机器人或者是在 iPad 上加一个轮子的机器人，而机器人需要能力去理解数据，让交互更加丰富。这种机器人只能是在整个历史长河中的一个过渡，只能当玩具，它毕竟没有大脑，我们所说的机器人应该有可以思考的大脑，根据传感器的信息，包括用户在智能家居使用过的习惯信息，它会不断去学习，学习了以后，它会帮助用户去做一些决定，最重要的是它能够思考。当人工智能成熟以后，外部的机械、运动部件是能够改变机器人形态的重要技术壁垒，也就是说制造出像《机械姬》中的机器人，目前技术最前沿的有日本本田的 Asimo 机器人、美国波士顿动力 Atlas/Petman 机器人。

智能家居机器人的背景需求

因为没有足够智能的大脑来使众多智能家居设备智能协调，所以人脑运算操控,然后控制主机进行执行,已经成为当下家居智能化的常态,有些人定义为智能家居伪智能,有些人定义为智能家居 1.0 时代,至少市面上已经拥有众多智能设备可以作为终端控制,要达到美国科幻电影中的家居智能化镜头,需要一颗足够聪明的大脑来将不同家庭之间的操作习惯进行复制效仿、逻辑升华,因为由于每个家庭成员的职业、经历、喜好、教育程度、家庭背景等千差万别,每个人的需求也是莫衷一是的。

这种主观能动性目前只能做最简单的逻辑协调联动,也就是我们所说的场景,但实际上家居生活高层次的智能场景,要远远多于我们现在编辑在面板上的场景预设。也就是说,现在的智能家居 1.0 时代,还尚且停留在产品的设计安装和实现功能上,更重要的是个人风格的体现还尚处于"机械的逻辑"阶段,为了摆脱机械的逻辑,所以智能家居机器人应运而生。智能家居机器人是通过计算机(computer)、通信(communication)、控制(control),也就是 3C 技术建立家庭综合服务于管理集成系统,机器人是 IT 技术、网络技术与控制技术向居家生活渗透发展的必然结果。

智能机器人的发展

国际机器人联合会(IFR)预测近几年,中、美、德、韩、日的机器人供应量将达到全球市场份额的 7 成,而且基本用在汽车与电子制造上。近 5 年,美国的机器人需求量以每年 11% 的进度增长,而中国的需求量迅猛,达到 60% 的增长率。现在的机器人主要是提供吸尘、清扫、割草、娱乐和休闲等功能,在老年和障碍援助的增长需求方面也非常迅速。但是工厂里的机器人自动化是限定在环境参数的情况下,而每个家庭环境都不一样,要实现全自动很有难度。目前中国智能化工厂大批量的自动化生产线都是进口的,在工业化尚无法智能化的情况下,很难将家居智能机器人做的像人,本田公司在十几年前已经研制出仿人类机器人,但是达到 Asimo 的程度花了三十多年的研究测试,国内目前尚无企业设计出同类产品，差距非常之大。

从研发辅助人类生活的机器人数量就可以看出，世界上最注重家庭智能机器人发展的国家是日本。由于日本生育率低，加上日本人的寿命越来越长，目前日本人口老龄化的问题日趋严重，这意味着需要接受护理的人口日增，从地方政府到企业，联合进行机器人"大跃进"的活动，例如丰田、住友从 2012 年的"辅助机器人"计划实施以来，大批的智能机器人在日本被研发应用，目前世界上科技含量最高、最接近人的仿人型智能机器人——本田 Asimo 也是日本生产。

智能家居机器人的现状

目前，落地家庭最多的机器人是扫地机器人，智能扫地机器人虽然硬件和软件配置能够搭载各种高端控制系统，但是遇到复杂地形比如楼梯，或者顽固污渍，基本很难处理，而且效果好的扫地机器人价格不菲，性价比并不高。智能机器人相比扫地机器人而言价格更高，提供的功能要更多、更优质，但是现实往往难以做到，甚至不如扫地机器人还有些用处。如用户孩子去做一个简单的"拿杯子"动作，对人类来说就是三个字而已，但是分解到机器端，至少包含了：杯子的视觉识别和机械臂的抓举这两个复杂动作，以现在的水平，能做到三维环境下每次 100％无误差的视觉识别，已经非常难，寥寥几家公司可以做到，国内目前为空白，更别说典型的家务事，如洗衣服、做饭、整理物品和操作一些器具。但是中国的人工智能软件系统在世界上处于领先地位，尤其是语言的交互能力，但对于机器人的方向问题，国内企业过多关注的是家庭陪伴和安防相关的机器人，基本难以离开家门去陪伴用户。

用高级玩具或者娱乐设备来定义现在的智能家居机器人未免过于"寒碜"，可功能单一、情商不足、价格高昂是目前的问题。尽管在短期内，机器人可能还不会智能到科幻电影中的程度，但它们可能在某些方面还是会赶上人类，超过人类，最终可能支配和替代人类。至少我们看到了其雏形，也看到了一些实际售卖的产品,这在以前的时代还不曾有过。就算智能机器人功能成熟到无法挑剔,可以作为家居的智能核心,但是它最终还会面临伦理问题,除了人工智能三定律以外,伦理的挑战会让它们的地位让人类怀疑——它们将扮演什么角色? 助手? 宠物? 抑或家庭中的一员? 还仅仅是脱离电力就不能工作的冷冰冰机器。目前机器人主要还是应用于工业,机器人产量不足 5% 用在家庭中,随着社会老龄化的加剧,智能机器人的需求将会迎来增长。

家用智能机器人的普及困境

目前,家居需要低成本、多功能、易维护、方便升级的家居智能机器人作为控制终端之一,而且主要的功能应该包含语音识别、家庭娱乐、室内清洁、安防监测与报警等功能。所以家用智能机器人行业的发展迫切需要价格可以接受的智能机器人开发平台。平台集成智能机器人领域常用的传感器与执行机构,通过算法的改进使得普通传感器可以满足一些常用功能,如导航、避障、行走等功能;另外需要同时配备类似于手机 Android 开发平台的开发环境,降低智能机器人的开发难度,使得价格在每一个开发者可以承受的范围内,根据自己的需求开发所需要的功能。

对于当下的家庭机器人来说,功能单一是其面临的最大问题。有时候,你甚至搞不清是你伺候它还是它伺候你,很多功能我们完全可以通过现成的设备单独完成,并没有必要集成到一台机器人上。除了卖萌,人们更需要至少可以帮忙看家、取物、做饭、自己找电源充电,甚至可以独自照顾老人、儿童和残疾人的机器人。但前面也说了对于目前的家庭机器人产品而言,与其说是一台机器助手,不如说是一个大号玩具。

从价格角度来讲,目前家用智能机器人价格居高不下的原因主要在于: 市场定位不清,现有家用智能机器人大多在实验阶段,因而,其往往在机器人上大量使用 3D 高清摄像头、高精度激光雷达、高性能伺服系统等,结果导致价格虚高,实际应用时却并没有发挥出高性能硬件应有的性能;市场准入门槛较高,家用智能机器人无论是从技术还是资本角度,初期均需要投入大量的人力、物力,因而,也提高了机器人的价格。

从功能角度来看,现有机器人功能单一的原因主要在于:开发者有限,由于机器人价格较高,因而其功能的开发往往仅由机器人公司进行;虽然许多研究者和工程师有许多很好的机器人应用的想法,但却没有价格上可以接受的智能机器人平台;需求多样化,对于智能机器人,每个家庭、个人以及单位等往往有不同的需求,机器人公司中的应用开发者很难根据每种特定的需求开发相应的应用。

智能机器人情感牌

社交网络越发达,生活压力越大,人越孤独,这是不得不承认的现象。而情感交流却是人类本性的需求,所以当这种需求在现实社会中得不到满足的时候,情感机器人就诞生了。现代社会中的很多家庭,人们忙于工作,老人、孩子、残疾人的精神生活极度空虚,需要有人进行情感和感情的交流,一般人又无法胜任这项工作,计算机和机器人科技的强大,可以让它完成这项复杂的工作,和人进行情感交流,通过判断人类的面部表情和语调的方式,"读"出人类情感,来满足人们的精神生活,也可以辅导某些有情感缺陷的人群,或者是陪伴一些养老院或者是有情感疾病的患者;当然,当人们在某个特定的空间和时间单独一人时,情感机器人可以和你交流,满足情感需求,比如在太空中,情感机器人可以更好地为宇航员进行情感治疗、辅导。有研究表明,一个行业的兴盛程度,正比于一般消费者平均每人每天花在该行业产品上的时间,目前有多少人愿意与家庭机器人聊情感问题? 这还是针对少数人的低频事件。

智能机器人能否真正满足人的需求,是一个很复杂的工程,要能够识别和理解人的喜怒哀乐,甚至更深层次潜藏的心理因素,采集数据、分析建模,并模拟人的方式进行表达,需要非常强大的数据搜集、分析、反馈能力,以及极为丰富的信息数据库来支撑。人们需要的是一个可以聊天攀谈的对象,而不是一个没有情感的机器仆人——高智商能够帮助它完成某些特定任务,高情商才能让它真正融入生活、成为家庭的一员。实际上,尽管当今的仿生技术已经能在硬件层面上复制出一个几乎一模一样的人,但在基于人工智能的软件层面,其水平依然不高。

机器人——智能家居的血肉载体

目前,智能家居系统逐渐从实现传统功能控制发展到满足服务需求,例如O2O服务、数据运营等更高级形式的智能家居生态正在开拓建立,而这一风口上的智能机器人将会成为智能家居的血肉载体。

智能机器人附有人性化的情感,因为人即服务,所以人性化的产品推送的服务与冷冰冰的界面推送的服务,对于用户而言肯定接受前者。例如,智能净水机能够提供的解决方案与功能就只有净水,但是如果将各种服务引进后瞬间变得有血有肉。

家庭机器人的基本设计要素

智能机器人的设计要给人类好的互动体验感,设计的细节要考虑到人的因素。如行走轮的个数,行走轮虽然三个比较稳定,但是设计成两个更像人的脚;又如机器人的体积,宽窄度决定了它能在家庭狭窄范围内可通过的空间数,最好的证明就是小个子且低矮的扫地机器人更加灵活,对于主人远程操作也更加方便;外观上需要萌一些,让老人和孩子容易接受;身高不宜超过 1 米,因为 1 岁的孩子差不多 75 厘米,两岁 85 厘米,三岁 95 厘米;系统暂且不需要高大上的深度学习 AI,满足浅层次的弱人工智能即可,在智能家居方面可以收发指令即可;对于能源供应方面,电池单位体积的存储电量也就是电池的功率密度目前没法提升，机器人的充电电池还具有安全性问题，另外需要把握统一的充电接口与自主充电对接技术等问题。

智能家居机器人与智能家居系统主机

目前，市面上的智能家居机器人的处理功能，要么仅仅擅长娱乐和第三方平台的接入，要么仅仅擅长家居控制而无人工智能算法。将机器人接入传统智能家居系统中的解决方法，是将数据的收发与存储任务交付给主网关，而将 AI 以及学习功能交于机器人处理，机器人与主网关保持数据实时同步。这种做法的好处是减轻机器人的运算负担，减少整个系统的延迟，目前的机器人还无法单独处理如此庞大的运算。

目前，智能机器人落地智能家居的最大阻碍不是产品本身的功能单一，而是没有接口，与智能家电设备的对接，与智能家居有线和无线系统的对接接口非常重要，同时又涉及互联互通的问题。与人类的对接主要依靠语音识别、姿势识别和视觉识别系统，但是下达命令后还是需要设备接口去执行。

机器人的定位是智能家居内部的高级控制决策者，它比中控主机高一个层面，具有学习的能力，而中控主机是可靠的、按照给定程序运行的执行器，整个智能家居系统在运行过程中可靠性是第一位，但要把智能家居系统做得稳定，到目前为止是不容易的事情，所以不能因为智能机器人的介入就威胁到整个系统的稳定性。

对于数据处理的协同工作，中控主机要具有数据的采集能力，同样，机器人可以通过与使用者长期配合，获取每个使用者的生活习惯，收集大量的数据。同时，机器人要有本地数据分析的初步能力，要具备基本的学习能力，加强实时计算能力和自学习模式，让机器人成为人工智能云和主机之间的桥梁。对于数据同步，机器人需要的数据简单包括人员信息索引、房间信息索引、设备信息索引、人员状态信息、环境状态信息和设备状态信息，要进行实时的增量数据、截面数据和立体数据的同步。

对于场景的工作,机器人和主机一样都要提供场景的控制,在机器人方面的情景模式主要分为两种:一种是手机对接机器人上的自定义操作场景,另一种是语音建立的场景,建立成功后都要同步到服务器和本地主机。情景执行最好还是交由主机处理,因为终端节点的执行速率及指令安全间隔,机器人是不了解的,而且机器人要可以同步到两种命令及以上的场景,如同时说打开大灯和窗帘,机器人应该可以同时控制两个设备。无论是主机厂家也好,机器人厂家也好,两处结合分析后会发现产品的不足和缺陷,通过长时间不断改进和提升,这样对整个行业良性发展才有裨益。

第8章 智能家居知识产权战略

🌑 智能家居知识产权申请数量分析

从"综合布线技术""网络通信技术""安防防范技术""自动控制技术""音视频技术"五项专利申请上看，直至 1993 年，国内就已经有公司布局智能家居的专利申请，但是直至千禧年，相关专利申请数量也仅仅只有几十项，且呈现零散、随机性强等特点，以此可以看出，智能家居在那时候还处于萌芽期。

（综合布线、网络通信、安防防范、自动控制、音视频技术）五项发明专利

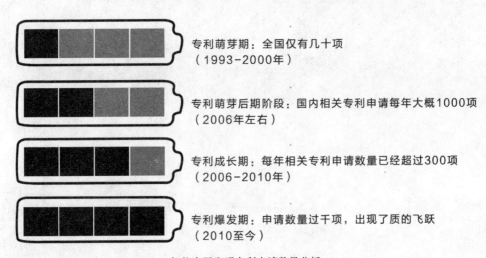

专利萌芽期：全国仅有几十项
（1993-2000年）

专利萌芽后期阶段：国内相关专利申请每年大概1000项
（2006年左右）

专利成长期：每年相关专利申请数量已经超过300项
（2006-2010年）

专利爆发期：申请数量过千项，出现了质的飞跃
（2010至今）

智能家居发明专利申请数量分析

直到 2006 年,国内相关专利申请每年大概为 100 项,智能家居的发展进入初期布局阶段,也可以说尚处在萌芽后期阶段,主要还是在探索和研究中,整个产业都处于概念熟悉、产品认知的阶段,市场上技术性产品相当匮乏。

2006—2010 年,智能家居专利开始逐年增加,但仍比较少,2010 年国内每年相关专利申请数量已经超过 300 项,表明国内的智能家居产业已经进入成长期,又或者说是智能家居技术的开创期,技术投入已经开始产出,更多技术产品开始进入市场。

2010 年至今,申请数量开始大幅度增加,出现了质的飞跃,但还不能说是蓬勃发展期,因为智能家居市场依旧是里热外冷,所以说目前还处在技术成长积累期,随着移动互联网的发展以及智能终端的无处不在,相关专利数量增长明显,市场专利的挖掘空间非常大。随着移动互联技术的普及,也打开了 O2O 的渠道模式,智能家居设备附带的许多应用也逐渐被消费者所认可,即使到今天,还依旧处在智能移动终端的智能家居时代,虽然不能说是智能家居的蓬勃发展时期,但是可以说是移动终端智能家居的蓬勃时代。

其中专利拥有量从高到低依次为广东、浙江、江苏和上海,这些地区的专利总数占据半壁江山的原因是因为这些地方都属于国内经济较为发达的地区,而且当地的房地产市场在十年来取得了较大的发展,所以市场需求量日益增加,当地的政策也在推动智能家居产业的发展。大部分是以个人名义进行申请,广东地区的专利申请占据 1/3,具有相当大的优势,但不以企业法人名义申请对于公司的长足发展并无益处,除此之外,目前智能家居的专利还未形成专利池的同类型专利,而且相当多的专利其实已经是无效专利,这也是智能家居产业内的企业数量少、规模不大的间接原因之一。

其实,智能家居作为物联网最重要的分支技术之一,设计的相关专利将非常密集,要远远比手机专利多得多,未来任何一类的智能家居设备所承载的技术专利都不可能比智能手机少。

● 智能家居知识产权种类分析

以上列举的专利分析中，"自动控制技术"的相关专利最多，其次是"安全防范技术"专利数量，最少的是"综合布线技术"。

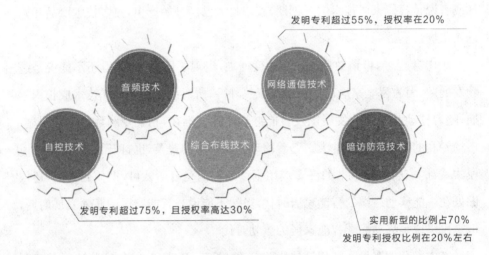

智能家居知识产权战略

在"自动控制技术"专利中，大部分专利是以家居检测类涉及的参数（时间、温度、数量等），通过判定其是否超过一定的阈值来自动控制家居用具所形成的技术方案，属于改进型专利，发明专利授权比例在 20% 左右，自动控制、远程控制领域的技术占绝大部分，约占 20%，但是联动控制和双向射频控制等相关的专利相对较少。自动控制技术至今都是智能家居专利的技术热点，因为智能家居的重要意义在于人性化与便利化，如果通过智能设备的逻辑判断和人工智能的功能来实现人性化与便利化，将会把"自动控制技术"推向专利申请的热点方向。

在"安全防范技术"专利中，实用新型的比例占 70% 以上，电路结构以及装置结构的专利偏多,方法改进类的专利较少,发明专利授权比例在 20% 左右,即整个类型的专利授权率在 6% 左右。

在"音视频技术类"专利中,这一类的专利大部分与"自动控制技术"中的专利重叠,主要通过获取家居生活中的某一参数,然后通过阈值对比来调节视频或音频的输出参数;或者通过获取某一音频或视频参数来对某一家居用具进行控制。发明专利超过 75%,且授权率高达 30%,说明音视频领域的专利含金量较高。

在"网络通信技术"专利中,专利集中分布于家居信息交换以及家居信息处理等领域,这部分专利也多与"自动控制技术"专利重合。发明专利超过 55%,授权率在 20%。

在"综合布线技术"专利中,是所有类型中最少的,主要集中于布线箱和布线结构改进方面,所以发明专利相对较少。

● 移动互联终端时代的智能家居专利

在智能家居相关的移动互联终端专利方面,国内的相关专利绝大部分都是国内企业和个人申请,但是许多企业和个人对该领域的研究还处于初级阶段,竞争实力不够强,专利壁垒布局也不够完善,应该防止国外企业进入中国市场后对国内企业的冲击。国外厂商在产品的互联技术上与国内的许多相关技术都有一定的相似性,当国内的智能家居企业走出国门时,便会产生相当大的竞争影响。

移动互联终端方面的智能家居专利,如海外巨头谷歌、苹果和亚马逊,仅苹果公司有相关布局,其他几乎都未进入中国市场。基于智能移动终端的智能家居领域,技术专利包括的专利申请主要覆盖:一般的控制或调节系统、单元监视或测试装置、数据信息传输、电话通信、无线通信网络、信号装置或呼叫装置、指令发信装置、报警装置、测量值、信号控制或信号的传输系统、电视图像通信、时间登记器或出勤登记器、登记或指示机器的运行、产生随机数、投票或彩票设备、核算装置与系统或设备、电数字数据处理、电热等。

● 智能家居基本专利

我们经常说的两种专利，一类是基于产品的发明专利，还有一类是新型实用专利，相比产品发明专利，新型实用专利一般通过代办公司，支付数千元就能提交申请，通过率也比较高，所以知道其中猫腻的一些公司就经常钻这个空子，动辄数百上千的专利数量，更多的是后者，而非产品专利。

国内的一些巨头企业，尤其是做传统电工的世界巨头，在中国部署了一定数量的专利，形成了一定的壁垒，在产品开发的应用中一定要注意规避，其中许多专利属于智能家居的基本专利，跟国内高校以及部分企业所申请的应用类型专利有比较大的不同。

基本专利有以下特征：

（1）竞争对手无法绕过基本专利而模仿。

（2）在实用化时，它还需要解决一系列的技术问题，从而可衍生出大量的相关专利。

（3）开发周期长、费用大，需要社会技术力量的支持。

（4）发展前景大。

国外企业在中国的专利布局往往隐藏得比较深，专利检索往往难以抓住关键字而忽略比较准确的数据，如在灯光、热水器、安防等的控制上。外企的专利布局较多，但也并不是所有基本专利都已经被巨头完全布局，依然有一定的挖掘空间。

◉ 国内外智能家居知识产权环境现状

总之,国内智能家居的相关专利聚集度不高、持续性不强且技术含量不高。另外,虽然国内高校在专利数量上具有优势,然而专利质量不高,且专利产品转化率低。目前所谓创客大赛、路演等途径培养的智能家居企业几乎都属于创业公司或处于萌芽阶段,并未能形成体量级的影响,企业与大学和科研院所之间的联合申请比例偏低,产学研存在一定程度的割裂状态。虽然高校的专利申请、授权数量在数十倍或者数百倍的增长,但是专利质量不升反降,平均寿命只有 3 年多,而且专利平均转化率也普遍低于 5%。不仅是高校,即使是企业的专利意识也一样非常淡薄,能够出现真正产品化的专利凤毛麟角,最根本的原因还是产品的市场需求不多,从专利转化为产品的意义不大。

这几年互联网企业都在纷纷布局智能家居生态圈,当下的互联网公司在核心技术端并未形成自己的优势,更多的还是长袖善舞于营销和包装。没有技术专利支撑,靠零星的智能家居产品,显然不能完成对概念当中的智能家居的布局,而对于传统家装领域的企业,专利的积淀较为深厚,但是智能家居的专利核心在于智能化,在智能化的布局方面尚有欠缺。

对互联网企业的专利申请进一步分析可以发现,在谷歌提交的几十项专利申请中,技术内容涉及应用程序在多个操作系统中运行、不同版本操作系统的同步等;苹果技术专利申请内容涉及操作系统和应用程序的执行、移动设备之间的协议传送和数据共享等;微软的专利技术内容涉及操作系统的加载、引导、安装等;中国华为与中兴加起来的相关专利也仅仅只有谷歌的一半。

反而,在智能家居市场争夺战中,国内传统的智能家居公司正在实实在在地做着产品的研发、落地,尤其是传统家电与电工企业的转型之路都在纷纷布局智能家居的产业升级,大量的智能家电企业在大规模地宣传售卖。除了家电企业、高校和互联网企业,另外还有电网企业和物联网企业也在纷纷布局智能家居专利申请。

智能家居不是传统产业,但是专利之路与传统产业一致,有各种各样的问题和困惑,尤其是在中国国内的专利申请与维权问题较为严重。当下国内的市场竞争环境不太利于创新体制实质性的推进,专利的整体架构不完善,单靠专利自身证明或者抢占市场意义不大。专利的布局需要制造企业前期投入与后期的保护支持,也需要国家专利法的强有力执行,这样才能催生中国智能家居专利的春天。面对国外众多企业的专利围剿,尤其是发明专利的布局,无论是有线技术专利还是无线技术专利,想要避开国外企业的专利壁垒较为困难。这也为中国智能家居企业走向世界增加了相当大的难度,只有早日抢占专利布局才能走向国际舞台。

目前,智能家居行业的品牌性尚处于竞争的初期,品牌需要跟创新不断结合,创新要依托专利铸成的技术壁垒,才能使品牌立于不败之地,各家都在紧锣密鼓地进行专利战略规划。鸿雁电器用 100 天的时间,围绕墙装式智能家居技术,完成了 167 项专利申请,其中发明专利达到 82 项,占比接近 50%,站在了行业未来的制高点去布局未来的品牌地位。

● 智能家居知识产权的价值和专利重要性

专利申请是技术研发成果的保证,专利也是一种无形的资产,可以转让、继承、财产投资、质押等,也可以许可给别人使用,收取使用许可费等。国家对于智能家居相关产品和技术专利的保护一直非常坚持,出现侵权会严查,对于高新技术产业,专利数量决定政府补助和优惠政策,另外还有优厚的减税政策与金额庞大的专项资金。

根据每年国家知识产权局发布的《中国知识产权发展状况报告》来看,中国的知识产权综合发展水平在逐年提升,中国各行各业的知识产权逐渐走向世界PK 的舞台。智能家居领域也不例外,尤其是国内外巨头企业在智能家居方面的知识产权申请、登记、注册数量较大幅增长,而且专利结构不断优化。智能家居方面的专利转让数量与纷争事件也越来越多,而且涉及智能家居专利的质押融资金额也越来越高,企业相关的专利研究与申请人员越来越多,企业和社会对知识产权的意识也越来越高。

所以说,当下布局智能家居专利已经刻不容缓。专利申请的多少等同于未来抢占市场份额的多少,一场"厮杀"在所难免。作为创新型科技产业,专利技术无疑是打造智能家居的第一要素,一句话来概括智能家居专利知识产权的重要性:知识产权即是生产力!

智能家居市场是巨大的,能否在智能家居市场中分得一杯羹,对于做品牌的智能家居企业一定要有非常明确的市场定位。从长远利益出发,重视技术研发,注重知识产权保护,加强专利布局,让知识产权竞争成为企业竞争的最高形式。可以说,要维持市场竞争优势,就必须布局知识产权。

在广告和研发方面,很多企业都愿意把资金投入到漫天的广告之中,而非花大量的资金和时间去从事研究开发,也是有一定的原因。我国企业的研发经费投入与产品销售额的比重和发达国家的企业相比有较大差距。目前国内的智能家居的许多科技创新力量均来自高校与科研院所,而日本,80％的科技力量都来自企业,所以国内企业在知识产权方面的投入缺口很大。在发达国家,企业为科研投资的主体,如美国企业科研投入占总投入的 75％,而我国长期依赖政府投入,多数企业没有科研投入,这些都是影响到企业自主创新的物质基础。

● 智能家居知识产权竞争风险

智能家居是各个行业融合的领域,包括传统的智能家居厂商、IT 厂商、互联网公司、多媒体设备制造商、通信厂商、内容服务商、运营商、电子商务公司、家电企业、安防设备厂商以及集成商等等。错综复杂的结果导致知识产权交叉风险。

再仔细分析子领域里的知识产权风险，如设备功能专利上的产权风险、联网化专利风险、智能化风险。而这些知识产权风险，对于传统只做普通产品功能的企业，竞争是相对平静的。产品一旦联网化，通信厂商会有相应的专利竞争；产品一旦智能化，包括人机交互功能、人工智能、大数据等领域，都是智能家居的发展方向，智能化将是知识产权竞争的重灾地。

如果没有专利，苹果公司恐怕永远蜗居在车库，不能成为现在这家伟大的科技公司。而三星、苹果、谷歌等国际公司之间的专利之争，经常上演诉讼和商业大战。

互联技术即我们常常挂在口中的互联互通技术，智能家居产品的互联技术源自网络技术。国外的互联网公司涉足较早，有比较完善的知识产权布局，而国内企业的自主创新起步较晚，在已经形成一些专利的同时，还在一定程度上依赖对国外厂商的技术借鉴，目前互联技术要远远落后于欧美企业。

很多企业缺乏知识产权战略意识，对知识产权工作还停留在保护层面，没有基本的知识产权管理制度、专业人员和机构等，企业应该设立专门的知识产权管理部门。知识产权与知识产权战略是两个概念，很多企业知识产权工作还没有上升到战略层次，研究开发投入少且自主知识产权严重缺乏，更缺少自主知识产权核心技术。

◉ 智能家居企业的责任与义务

自 2009 年 8 月，前国务院总理温家宝提出"感知中国"以来，物联网正式被列为国家五大新兴战略产业之一，而作为物联网的子分支系统，智能家居也一样获得了全社会的极大关注。

针对上述问题，政府与相关行业协会应当发挥主导作用，《国家知识产权战略纲要》也明确指出要"充分发挥行业协会的作用,支持行业协会开展知识产权工作"。在专利技术保密的情况下充当企业联盟间沟通的桥梁,并加快行业标准的制定,从而实现产品多样化,标准统一化。设备厂家在实现设备互联互通的目标道路上,应该积极参与物联网通信标准联盟,针对性地去开展专利布局。智能家居需要集成创新,而集成创新是企业在不同技术间通过排列组合而获得的创新,在战略思维上打破了单一技术之间画地为牢的局面,有利于企业开展技术联盟、战略联盟形式的技术创新工作。

　　智能家居企业应该加紧整合国内的技术资源,形成技术联盟或专利池,通过建立专利数据库和专利信息预警平台,加强专利运用和风险防范工作。同时,国内企业在进行研发的同时,切记要密切关注智能家居领域的国际研发动态,准确制定发展方向,绕行或者攻克技术壁垒,灵活调整战略目标,越早布局市场,就越容易打造成为行业内知名品牌,以此来增强企业竞争力。

　　说到责任与义务,首先说说行业用户和媒体依旧质疑智能家居的真实效果。因为许多智能家居公司过分夸大产品的功能并未能达到相应的效果,技术不稳定导致产品不稳定,用户体验度差,投诉率高等后果都是因为企业不想承担责任与义务而短期捞钱的结果。在 2005 年前的智能家居领域,国外的智能家居产品尚未打开国内市场,国内一些嗅觉灵敏的企业率先成立了智能家居生产研发基地,使当时的智能家居行业进入了疯狂的野蛮状态,但是反观当时的专利申请寥寥无几。其产品可想而知,最终进入恶性竞争阶段,给业内带来了负面影响,当年的绝大部分企业现在已经不复存在,说明了智能家居领域的责任与义务的重要性。

● 智能家居知识产权战略的概念

　　企业知识产权战略的本质是企业运用知识产权及制度的特点去寻找市场竞

争有利地位的总体性谋划和采取的一系列策略与手段，利用知识产权取得竞争优势的策略、措施和手段。在我国颁布国家知识产权战略的大背景下，企业知识产权战略实施具有极大的必要性和迫切性。企业知识产权战略的实施需要以国家知识产权战略为指导，从知识产权创造、管理、保护和应用方面全方位推进企业知识产权工作。企业知识产权战略还需要建立良好的支撑环境。

虽然我国智能家居发展总体属于世界一流水平，但是关于企业知识产权和创新方面却是众多企业的薄弱环节。在智能家居操作系统领域，中国的申请数量大概占 1/10，技术内容涉及操作系统的安全监控、多个操作系统的运行和切换等。

在当前的市场环境下，企业不仅能通过专利转化为商业价值，成为开拓市场的利器，更能为企业带来额外的经济效益。有研究表明，全球企业的平均寿命是 12 年，超过 12 年的企业占企业总数的 20％。在这 20％的企业之中，尤为关键的是它们都拥有某一领域的核心专利技术，而这些知识产权正是它们利润的主要来源和动力。所以从侧面来说，布局未来智能家居市场的最终目的是让企业立于不败之地。

随着知识产权在世界经济和科技发展中的作用日益凸显，越来越多的国家、企业与个人都已认识到未来全球竞争的关键就是经济的竞争。经济竞争的实质是科学技术的竞争，科学技术的竞争归根到底就是知识产权的竞争。

知识产权是指通过人类智力劳动产生的智力劳动成果所有权。它包括版权（著作权）和工业产权。工业产权则是指包括发明专利、实用新型专利、外观设计专利、商标、服务标记、厂商名称、货源名称或原产地名称等在内的权利人享有的独占性权利。在智能家居领域，智能产权成为增长点，知识产权已经逐渐成为企业核心竞争力的第一要素。

要走向市场化和国家化，中国目前已经不可避免地走向知识产权保护之路。智能家居已经成为全球竞争的战略要地，很多西方发达国家已经在智能家居行业之初布局知识产权多年，中国若希望与之竞争获得市场地位，必须要深刻意识到知识产权保护的重要性。在智能家居细分领域，目前还尚无行业寡头企业，中国企业一样有机会成为智能家居世界巨头，而不是像曾经传统领域的陪跑者。

知识产权规划

高科技研发、小规模生产使得智能家居成本居高不下，过高的定价使许多消费者望而却步。在以规模为主导的消费电子制造业中，产业化是压低成本、撬动市场的关键。智能家居是大众市场的需求、是创新变革的新蓝海，而创新变革与专利相辅相成、唇齿相依，当智能家居产品开始规模化生产、大幅推广的时代到来，就能体会到现今知识产权战略的初衷。知识产权需要考虑互联互通，即智能家居标准。智能家居的标准应由主导企业发起，再由采用统一标准的联盟完善，鸿雁作为主导企业，肩负着这个责任与义务。

企业应该通过建立涉及知识产权创造业绩和个人绩效挂钩，让发明创造者切实得到实惠，促进企业研发成果的产权化。特别是鸿雁作为国有企业，应该制定全面的知识产权考核办法，将企业知识产权投入、知识产权数量和质量、知识产权运用情况和管理水平等指标作为考核的重要内容。同时，也可通过股票、期权等多种形式落实发明创造的激励。通过以上形式来积极推进技术、知识产权与标准的结合，以促进技术创新目标的实现。

智能家居组网专利

智能家居领域由于其多样性和个性化的特点，导致各种技术路线和标准众多，目前的现状是没有统一的通行技术标准体系。

智能家居的互联互通将推动智能家居长足发展，通信网络架构技术在产品互联互通的基础上，zigbee 技术在近几年国内智能家居领域掀起热潮，对于其是否能统领智能家居通信网络架构技术，答案是否定的，目前还处于多种技术交融互补期。

那么未来谁能成鼎力之势？答案要交给市场，哪种技术获得市场认可，或者消费者肯定，哪种技术可以统领智能家居，这些还需拭目以待。

智能家居的组网技术专利申请主要在美、中、韩、日、欧等国，这些国家与地区是专利申请的主要地区，最大的两个国家是美国和韩国，美国和韩国非常重视智能家居组网技术的研究，而这些技术专利中智能家电产品居多。

中国在智能家居无线组网技术的专利申请中，最多的是红外线，其次是 zigbee 和 Wi-Fi。

因为红外技术发展得早，而且广泛应用于遥控、安防等领域，所以专利申请数量最多，红外在智能家居中的应用场景主要是家电遥控、开关遥控、安防和数据传输，大部分主要是家电遥控，大概占总专利数的 55％，红外用于安防大概占 30％，值得关注的是，少量专利利用红外进行数据传输。而家电遥控的细分中，其中一半涉及远程遥控，另一半主要涉及手机近程遥控、智能遥控和多功能遥控。

为何组网技术排名中，没谈及蓝牙和 RFID，因为它们在组网方面较弱，目前蓝牙 MESH 技术的成品还未落地，但是在无线数据和语音通信中广受业界关注，专利申请位居第二；再然后 RFID 也一样，虽然有双工通信 RFID，但是落地产品较少。无论是有线、无线还是电力线来作为通信技术，三者之间并存发展是智能家居未来的产业趋势，

● 国外的智能家居产品专利思路

例如智能家居 Nest 公司的 2011 年推出第一版大名鼎鼎的 Nest 智能温控

器,但公司布局的一个专利却是智能烟雾探测器方面的专利。2012 年,Nest 公司只是升级了温控器到第二代,而真正的烟感产品 Protect 到 2013 年才生产出来。

国外智能家居产品专利思路

(1) 国外的企业进行专利申请,都是想法先行,产品随后。

(2) 所申请的专利,最开始的时候并没有非常明晰的产品构想,而趋向于是概念或点子。

技术方向专利分布

普通智能家居产品的专利分布包含智能化监测、结构设计、网络与数据传输处理、交互方式、电路、应用等。

完备的专利布局

最上层的人机交互及结构类专利,包括外形设计和图形界面设计。

中间层的数据处理类专利:包括了无线操作、分布式计算、云端管理等。

最底层的后台智能算法类专利:通过各种先进且完善的算法,让设备能在和用户不断交互中进行自我学习、训练和改进,从而主动地为用户提供最优化的稳定功能。

● 智能家居无线技术专利分析

无线技术有 zigbee、红外、蓝牙、Wi-Fi、RFID、Z-Wave 等,但是近几年国内最热的智能家居无线组网技术是 zigbee 技术。

国内智能家居近距离无线技术相关专利申请的前十位排名者,其中国内企业占 5 家，依次为海尔、康佳、中兴、长虹和海信；而国内高校占 2 家，分别为中山大学和华南理工大学；国外企业占 4 家，分别为三星、索尼、LG 和飞利浦。这些企业，申请专利最多的为三星，其次是海尔，涉及的主要技术是红外、RFID、zigbee 和 NFC，也多应用于多种家电之中。

目前来看，在智能家居诸多的无线技术中，并没有哪一项能占据绝对的主导地位。例如 zigbee 技术，而常与 zigbee 遥相呼应的 Z-Wave，目前涉及的相关专利主要在国外，国内仅有十几项相关专利，而且大部分为实用新型专利。但是其他许多无线技术的专利数量都远远超过 zigbee，所以各无线技术争夺市场的战争硝烟将持续进行，孰优孰劣，都有待市场的长期考验，毕竟中国无线技术产品的应用仅仅只有十余年。

各种无线技术性能特点不同，应用的范围和领域也有所不同，因此，多种无线技术共存将是未来一段时间内智能家居无线技术的发展趋势。其中，Z-Wave 和 zigbee 在功耗、成本、性能方面存在非常明显的优势，是主流的组网技术；RFID 作为物联网的技术支撑之一，也将在智能家居中得到广泛的应用；红外的软硬件技术都很成熟，在遥控上的使用暂时无法被取代，在家庭安防领域的应用也非常广泛，红外必定在智能家居中占据一席之地；Wi-Fi 虽然功耗高，存在一定的安全隐患，但是无线电波的覆盖范围广，且已经得到大规模的商业化应用，将是智能家居技术的主力军之一；蓝牙技术适用于点对点的高速数据和语音传输，虽然不适合大面积的组网，市场前景依旧可观；NFC 具有固有的安全性，虽然目前的应用热点是移动支付，但其在智能家居门禁、智能锁、身份认证和敏感数据交换上都有用武之地。

无线技术是智能家居的关键技术之一，也是通信技术的未来发展方向，这是毋庸置疑的。对于企业，应当密切关注各无线技术的应用前景和发展状况，结合专利申请状况，正确把握市场动向，准确定位产品。目前诸多智能家居无线技术专利申请人也只注重数量，而不注重质量，申请的专利零散且不成体系。虽然实用新型专利申请更容易获得专利权,但其稳定性和权威性都不如发明专利,专利保护期限也短于发明专利。

其实市场上诸多做无线智能家居的品牌中,有很多品牌在智能家居无线技术上的申请专利非常少,甚至是空白。建议不论是企业还是科研机构都要注重长期基本功的积累,增加发明专利申请数量,多出基础专利、核心专利,注重标准化,赢得话语权。智能家居品牌更应重视技术研发和专利布局,而不能仅仅是零散的申请,只有这样,我国企业才能在智能家居领域获得更大的优势,未来才能与国际品牌拥有对抗的能力。

● 国内智能家居企业的专利现状与核心布局

作为一个新兴的高科技行业,专利技术无疑掌握了行业发展的命脉。智能家居行业需要创新,开发出更好的智能家居产品以满足消费者对智能生活的需求,专利在行业的发展过程中起着至关重要的作用。每一年,因为专利保护和知识产权竞争产生的专利纠纷层出不穷,以手机行业为例,小米、魅族、苹果、三星等企业都面临着其他企业进行专利保护的起诉,这表明一个企业的生存与发展,发明创新和对专利的保护起着至关重要的作用。与其他科技产业一样,对于智能家居行业也是一样,目前智能家居发展还不健全,需要创新和专利来驱动行业发展,生产适应市场需求的智能家居产品。同时,企业应该重视发明创新,构建强大的专利壁垒,注重对知识产权的保护,使企业立于不败之地。

除了注重发明专利创新和保护之外,对于中国智能家居行业尤其应该注重提升发明专利的技术含量和价值,掌握核心技术。目前,中国的智能家居市场虽然如火如荼的发展,但是在相关发明专利技术上却是薄弱的一环。第一,发明专利的总量较低。根据国家知识产权局统计,很多智能家居企业的发明专利数量还未实现零的突破。第二,很多发明专利的价值不高,甚至是"垃圾专利",例如外观专利。智能家居涉及互联、传感、感知、学习等，属于一门覆盖范围广、相对复杂的学科，所以提高发明专利的含金量尤为重要。

有些人觉得专利的布局在于防范，那是对于早期布局的智能家居企业来说。对于后来者的智能家居专利布局，如可以从新的使用体验去发现新的问题，抓住机会从单点进行突破，将更有可能在未来的专利（技术）之战中立足脚跟，构建形成自身的专利技术优势。

所有的智能家居专利技术核心都应该往智能化方向发展。一方面，系统会通过大量的外部与系统数据，来进行环境与操作计算与模拟。另一方面需要系统自主学习并适应用户的环境需求，简单来说系统即人，系统的感知及人的感知，系统的操作即人的需求。最终实现的智能化是不需要用户太多的干预或者操控智能家居系统。

第9章 智能家居的安全性探讨与隐私保护

● 智能家居安全现状剖析

2013 年的黑帽安全大会上,有两名黑客通过系统入侵控制配置了摄像头的智能电视机,用来监视用户的一举一动,并且在电视机关闭状态下一样可以监视。2016 年,3·15 晚会曝光了智能家居的安全问题,远程启动家庭中的电灯和微波炉,并且启动用户家中摄像头进行偷拍等。用一句调侃的话来形容未来智能家居安全问题:木门栓的时候,踹门而进的可能是身强力壮的大汉;金属锁的时候,开锁而进的可能是身手敏捷的窃贼;智能锁的时候,开门而进的可能是四肢无力的超级宅男。所以说,安全系数低的智能家居系统无疑在家中埋下了一颗定时炸弹,当人们逐渐意识到智能家居安全性,安全系数高且便捷高效的智能家居系统将在未来的家居市场中占主导地位。

智能家居安全与隐私的定义:智能家居系统建立相应的数据处理安全保护措施,保护运行在系统中的硬件、软件以及系统中的数据不被黑客更改、破坏或者泄露,使得系统可靠安全地运行。其实智能家居安全涉及的方面很多,如网络安全、设备安全、系统安全以及数据存储和隐私安全方面等。智能家居目前好似走在手机的 iPhone4.0 时代,提升产品的功能与体验是现在各家厂商所追求的主要目标，而不是安全。由于智能家居行业也是最近几年才快速发展起来的，用户对产品的体验和成本要求很高，也迫使一些厂商在安全上做了部分妥协。比较浅层次的原因是，在智能家居领域目前最大的威胁是产品的计算资源有限，一些先进的安全策略很难在这些硬件上运行，导致容易被攻击，更深层次的原因是行业标准未能统一。

安全和隐私一直是智能家居领域最重要的，也是目前发展最快的课题，新的攻击方法和防御方式层出不穷。许多智能家居企业从创始到现在，安全架构已经升级了数代，从最开始的对称加密，到公私钥体系的引入，到身份和权限系统的构建，再到威胁预警系统的设计，但危机依旧存在。

智能家居安全首先影响的两大群体是智能家居制造商和用户。智能家居制造商对安全方面可能的威胁主要有四个方面：厂商自设协议，采用的技术几乎是封闭体系，很难互联互通；大多厂商对安全知识的了解非常匮乏；厂商通常并不特别关注数据安全问题；硬件厂商在软件和升级方面做的一般都比较差。所以说，用户的隐私安全最终都交给企业的自律性，具有一定的风险性，需要更多相关标准与法律予以管理和束缚。

● 智能家居安全问题分类

智能家居中的安全问题可以分为三类：破坏产品功能、毁坏家居、影响人类生活。

破坏产品功能指的是黑客入侵攻击使得产品原有的功能失效。如警报系统失效无法再监控警示等；毁坏家居指的是黑客掌握控制权后命令产品不断运行，使得大大超过额定工作强度而导致该产品被毁坏；影响人类生活指的是用户的隐私数据被盗用后造成一系列生活困扰（越来越多的黑客热衷于通过盗取信息牟取违法利益，从而让智能家居设备成了诱人的攻击目标），以及黑客入侵后对用户的一系列恶作剧（如在用户休息时突然操控音响和灯光等设备）。

目前市面上的安全性问题主要针对智能家居的无线系统。一是网络安全性问题：智能家居是物联网的一个应用形式，是一种新型的网络。任何网络的安全威胁、漏洞同样会在智能家居中反映出来，甚至可能会放大。需要加强智能家居的网络防护，如采用蓝盾轻量级的边界安全保护产品或虚拟化安全器件以提升智能家居的自身安全，即使网络拓扑结构被无线信号在辐射范围内捕获，入侵者一样难以分析各个节点的活动状态。二是产品兼容性问题，由于智能家居是由多个不同厂商生产的、不同协议规范、不同接口的智能组件基于各种技术综合组成的一个解决方案，兼容性成为重点关注的内容。这不仅要求产品能协调联动，而且要求智能家居的安全解决方案能兼顾包容这些各异的产品和组成技术。

● 智能家居网络通信安全

目前，智能家居所曝出的安全隐患，主要是局域网上的安全，通过攻破局域网获得用户的账户信息、支付密码，而不是去攻破电饭煲这样的电器或是场景。传统的网络中，网络层的安全和业务层的安全是相互独立的，而智能家居融合了传统网络、移动网络、感知层、应用层等相互交织的不同平台。在智能家居数据信息的采集、汇集、传输、控制过程中，整个通信过程需要特别关注网络安全与隐私。

智能家居涉及许多互联网以及移动网络不曾遇到的领域和问题。智能家居包含传统无线传感网以及无线网络的隐私威胁，也有其自身异构性综合网络引起的、与其他网络融合后的新安全挑战。物联网异构环境下网络通信协议以及传输方式的改变，应不同于现有通信网络及互联网通信协议，应能满足多网络融合情况下数据传输的准确性和保密性，在此基础上才能保证智能家居系统的正常运营。

　　智能家居行业的安全和隐私，不是一家公司可以完成的，需要整个产业链一起协作才能完成。特别针对 Wi-Fi 类的硬件产品，由于其使用严重依赖 Wi-Fi 网络和局域网，如家里的路由器不够安全，黑客攻击进入家里的局域网，那对于这个产品，很难进行防御。

　　智能家居的网络层采用移动 3G/4G 网络、无线网路、互联网、Wi-Fi 网络等各种网络方式。对于移动节点的位置管理技术非常重要，无线移动网络中固定网络端与移动端之间的所有通信都是通过无线接口，而这些无线接口为开放式，任何使用无线网络的用户都可以通过监听无线网络而获得其中交互数据，甚至可以篡改通信终端间的传输数据。通过伪装对话方获取或发送非授权用户消息，恶意窃听以及伪装用户身份等方式是现有无线通信网络存在的现实安全隐患。

　　目前 IPv4 网络环境中大部分安全风险在 IPv6 网络环境中并没有消失，某些安全威胁随着 IPv6 功能的增加将变得更加严重。例如，拒绝服务攻击等异常流量攻击仍然存在；黑客在 IPv6 环境下对域名服务器的恶意攻击经常出现；IPv6 协议仅对网络层安全有威胁，其他各层的安全威胁在 IPv6 网络中保持不变。

　　基于网络的新型信息化服务工具，用户在安全方面的关注相对较少。即使有网络安全背景的用户也会忽略如重新设置安全密码这样基本的简单安全防范措施。这样即便厂商提供了强大的安全保护产品，黑客依旧可以轻松入侵用户的智能家居。

　　另外，智能家居本身也会对网络造成一定的安全威胁，现已发现的针对家电产品大规模发起的网络攻击——"僵尸网络"。黑客通过入侵家庭互联网，将主机感染僵尸程序病毒，对消费者家中的各种智能设备形成控制，包括电视、冰箱、恒温器、智能水表和智能门锁等。研究数据显示，网络黑客每天轻松入侵超过 10 台消费设备。随着越来越多的家居设备连接到互联网，以后这些安全事件将越来越频繁；智能家居在给人们带来便利的同时，也增加了安全风险，甚至可能给用户带来身体伤害、财务损失和生活困扰。

要防御黑客对智能家居设备的攻击，最好从路由器入手，因为这往往是恶意分子入侵网络的首选目标。路由器可能会出现一些看似不起眼的固件 BUG，但黑客可以通过这些 BUG 来攻击系统并取得系统权限，一旦被取得路由器的控制权，他们就能够监视和影响用户的设备与线上活动。只有少数用户知道路由器其实很脆弱，因为它们是用户暴露在互联网上的"据点"，黑客可以通过攻击路由器来获得网络的控制权。

如果将智能家居设备的安全等级分类，智能路由器将会成为安全加密的重点设备，所有的智能家居设备离不开 Wi-Fi 承载网络。传统路由器的安全漏洞非常大，黑客可以执行中间人攻击来大规模攻击数以万计的传统路由器。

● 智能家居云端安全

在大数据时代，数据存储方式一般为云存储平台，与传统数据的拥有者自己存储数据不同，大数据的存储者与拥有者是分离的，云存储服务提供商并不能保证是完全可信的。用户的数据在云端不仅仅面临着被偷窥的危险，还有被篡改的风险。目前有的智能家居系统处于抵制云端的心态，而有的厂家以开放心态介入云端，其安全措施需要保护的不仅仅是硬件设备本身，重点是保护网络服务的安全性。

云计算的出现为大数据的存储提供了基础平台，通过云服务器的计算和存储能力，对大数据的访问更快速、更便宜、更简单化和更标准化。但将敏感的数据存放在不可信的第三方服务器中存在潜在的威胁，因为云服务器提供商可能对用户的数据进行偷窥，也可能出于商业的目的与第三方共享数据或者无法保证数据的完整性。如何安全可靠地将敏感数据交由云平台存储和管理，是大数据隐私保护中心必须解决的问题。

使用云端表明用户不是直接与设备连接，而是通过云来控制设备，如果黑客获取到了用户账户、截获与之接近的连接或者冲破云端服务器，所分发的指令都是"正常"的，中间层再好的加密都是无效的。这样的话，黑客就可以很容易控制一切设备、获取一切信息。对我们来说，目前更关心的是云端的安全，如果把云端攻破了，也就是把云端和设备之间的交互攻破了，通过云端进行批量的模拟攻击，如一下把家里的空调全打开了，这种安全才是最大的隐患。局域网的安全当然也很重要，但本地局域网破解并不是一个真实的场景。对于云安全，目前最佳的方式是将用户信息部署在国内外规模最大的云服务商提供的服务器上，以保证用户的隐私不被泄露。

面对隐私数据被截获窃取和篡改伪造的危险，在大数据环境下，由于数据存在来源多样性和动态性等特点，在经过匿名等处理后的数据，经过大数据关联分析、聚类、分类等数据挖掘后，依然可以分析出用户的隐私。针对数据挖掘的隐私保护技术，就是在尽可能提高大数据可用性的前提下，研究更加合适的数据隐藏技术，以防范利用数据发掘方法引发的隐私泄露。所谓的云端匿名技术就是第三方获取信息后，无法识别出数据自身用户，一切的隐私内容都不重要了。

最初的云端保护方法仅仅是删除用户身份属性进行数据保存。其实攻击者可以从其他渠道来获得包含用户标识符的数据集，并根据准标识符连接多个数据集，来重新建立用户标识符与数据记录的对应关系，这种链接攻击曾经造成多次重大安全事故。

然后演化到静态匿名技术的匿名策略，虽然可以将隐私保护效果提高，但是是以信息损失为代价，不利于后期的数据挖掘与分析。这里要提一下静态匿名技术的权重，权重即是指信息的重要性。例如，家庭医生在远程诊断时，一般患者的住址和工作单位显然没有年龄、家族病史重要，所以在使用静态匿名技术时会对重要的属性给予较大的权重，其他属性则以较低的标准进行处理，由此来减少重要属性的信息损失。

再演化到动态匿名技术的匿名策略是针对大数据云端的持续更新特性而提出的,可以让攻击者无法联合历史数据进行分析与推理。

● 智能家居控制安全

智能家居认证机制是隐私保护首当其冲的薄弱环节,用户认证是用户向系统出示自己身份证明的一种模式。智能家居系统在被用户使用时,要保证只有合法的用户才能存取系统中的信息,功能完善的标示与认证机制是访问控制机制有效实施的基础。目前很多智能家居设备都没有使用互相身份认证或者采取强密码,有很多设备都被简单地设置为四位 PIN 码,正确的方式用户要使用强密码,密码要使用数字、特殊符号和大小写字母组合,而简单的四位 PIN 码很容易被破解。在云端接口也没有设置强密码导致黑客可以访问更多的云端数据。

对于多用户智能家居系统的开放网络环境,认证是保护隐私的第一个重要环节。保密性和及时性是用户认证的重要需求,需要防止会话秘钥的假冒和泄露。用户标示和会话秘钥在传输时首先要进行加密,用于加密的公钥需要受到特别的保护,以防止恶意攻击者利用重放攻击等行为威胁会话秘钥或者假冒通信方。如果发现发送方不是真正的信息交互者,系统应该发送报警信号。

目前,所有的智能硬件基本都需要通过手机上的 APP 来完成操作,如果手机本身存在漏洞,那 APP 本身也很难保护自己。除了漏洞,还有手机防盗也非常重要。人们也已经开始接受第一代的智能家居终端控制——手机 APP,但全国每天丢失手机几千部,一旦手机被偷,使用智能家居的用户就意味着家庭安全敞开的风险,隐私也极易被侵犯,如何解决防盗的问题? 手机本身有防盗机制,如手机定位、换卡通知和响铃报警等,但是这远远不够,目前智能家居 APP 在进入用户的防盗托管模式下,用户使用智能家居 APP 会自动在后台拍照,并实时监测盗窃人收发的短信和通话记录，截取短信内容，将短信转发给指定号码，同时获取盗窃人的 SIM 卡信息，在这种机制触发前，需要用户指定安全号码。

数据的访问控制技术主要决定哪些用户可以以何种权限来访问数据资源，从而确保合适的数据及合适的属性在合适的时间和地点，给合适的用户访问。其主要目标是解决大数据使用过程中的隐私保护问题。

我们手持各种手机、Pad、PC 终端，哪些终端可以控制哪些电器，各种授权、密码给我们带来了新的负担，并且一旦弄混了终端，谁把家里的炉灶点燃了？谁把自己家的大门打开了？尤其是现在的智能家居设备经常可以单账户登陆多个设备，如何管控这些设备？如何知道别人是否在共享你的账户？

家庭智能网关是家居智能化的心脏，通过它实现系统信息的采集、信息输入、信息输出、集中控制、远程控制、联动控制等功能。如果说智能路由是互联网公司尖利的矛，那么智能网关便是智能家居企业牢固的盾。智能家居企业一般更加执着于智能网关在智能家居的"大脑"地位，长期致力于以智能网关作为指挥中枢的智能家居系统。智能家居企业如此重视主要得益于智能网关的安全优势，因为智能网关的自动组网、抗干扰性和安全加密是智能路由难以相提并论的，而且实际上无论是有线的还是无线的智能网关基本难以被攻破，也是智能家居企业中控企业得以存在的强大支柱。

● 智能家居安全性标准与检测机制

智能家居厂商在产品设计阶段都是假定它们未来所运行的网络环境都是安全的，从行业到国家都没有智能家居相关的安全法明文来规定相关的安全标准。如知名的厂商贝尔金由于产品中签名漏洞等问题导致旗下多款产品被黑客入侵，典型的如儿童监视器便被黑客入侵成为窃听器。另外传统网络本身的安全问题也会对智能家居造成一定的威胁。虽然我国目前智能家居厂家比较火热，但是相对于欧美发达国家而言起步较晚,在众多发达国家相继出台智能家居行业标准多年后,我国仍未能出台相关行业标准。产品标准各自为政也导致产品的安全问题难以把关,最终受到伤害的不仅仅是消费者,还有厂商和行业健康都会造成巨大的伤害,所以整体推动智能家居行业安全标准的制定,具有积极意义。

从产品工艺设计、生产流程管理、产品价格制定到基础的通信协议、网络信息安全认证,再到用户隐私安全、用户权益维护等方面,建立一套整体的、系统的智能家居行业标准,才能从源头上降低产品价格,提高安全性能。进一步改善用户体验,才能带动智能家居行业逐步落地。无论是智能家居标准还是安全性标准,都是鸡和蛋的问题,对于目前智能家居产业规模不大的问题,标准的实际推广实则需要产业规模为基础。首先还是量的问题,这与厂商目前忽略安全性的布局是一致的,也是贴合市场的,但是不能说安全性要放弃,反而企业应该加强布局安全性的问题。

在设备测试阶段,现在许多厂家都没有重视安全与隐私,而把消费者置于网络攻击或物理入侵的风险当中,也被众多圈外人作为把柄而嘲弄,而很多措施不是没有,只是不做。智能家居不能只做智能,而忽视了绿色、安全,尤其是安全一旦忽视,所有的舒适性和便利性都会烟消云散。从严格意义上的测试来说,智能产品的安全漏洞不仅是功能上的一种缺失,更是产品质量不合格的一种表现,所以不安全的智能家居设备都应该是不合格的产品。硬件的不合格很容易导致系统自身故障,另外软件自身的设计缺陷也会导致系统出错,从而在运行时发生异常,最终导致系统崩溃,如节点的认证失败、数据包的丢失重传、数据溢出,等等。

除了上面所说的智能化与网络信息安全,市面上许多智能产品连普通的质量都难以合格,以智能插座为例,部分智能插座缺少用电标志,额定电压、额定电流、电源性质等说明不清。部分智能插座混淆 CCC、CE、QCpass 等安全认证标志概念,并不属于真正意义上的质量合格。智能插座受自身结构所限,使用环境温度一般要求在-10～50℃之间，若热量持续堆积，则会对敏感的 Wi-Fi 模块和内部电路产生影响，造成安全隐患等等。

再来谈谈系统，一旦系统被入侵如何解决？入侵检测就是对任何未经授权的连接企图做出反应，对可能发生的入侵行为进行监视、报警，甚至抵御。入侵检测包括监控、分析智能家居用户身份和系统的行文；检查系统自身的配置与漏洞；自我评估重要系统和数据文件的完整性；对系统异常行为进行统计分析，识别其中的攻击类型，并向用户报警；跟踪、识别智能家居操作系统中违反授权的用户活动。

智能家居领域如果无法建立良好的安全监测机制，对于产品出口会遇到贸易壁垒，欧美发达国家会以各种涉及产品安全性问题的理由拒绝中国智能家居企业走出国门。机制中包括相关的国家标准、完备的法律法规以及合格的评定测试体系。

● 智能家居用户使用的隐私保护

对于智能家居隐私的定义，即对于智能家居用户个体以及家庭团体而言是非常特殊或敏感的某些数据，也可以说隐私是赋予个人以及家庭团体的特殊身份特征。个人都不喜欢或者不习惯将敏感信息暴露，当然其中就包括用户的敏感数据。对于周期内的隐私数据，主要包含信息本体、属性、时间、地点和使用对象等多个因素。对于数据隐私的安全需求就是保证数据的真实性、机密性、完整性和抗否认性。

隐私还具有差异化的属性，所谓的差异化的隐私是相对而言的。例如保守的患者会视疾病信息为隐私，而开放的患者却不视为隐私；孩子定位信息对于父母而言不是隐私，而对于其他人而言就是隐私；有些用户的数据现在来说是隐私，可能几十年后就不是隐私。

这里还要提及一下隐私保护挖掘,不要谈及数据挖掘就谈虎色变,隐私保护挖掘即在保护隐私前提下的数据挖掘,主要关注点有两个:一是对智能家居原始数据集进行必要的修改,使得数据接受者不能侵犯他人隐私;二是保护产生模式,限制对大数据中敏感知识的挖掘。隐私保护数据挖掘目前尚处于起步阶段。

内部入侵

入侵节点

修改、破坏和中断数据,攻击者入侵家居中的节点,获取这个节点的数据或者通过该节点获得其他节点的信任;或者通过此节点的数据,通过修改数据包内容;或者改变节点工作状态,中断节点的数据包发送,或发送虚假数据包等手段,使系统出错,甚至导致瘫痪。

监听数据

通过监听分析数据的内容和数据的行为从而了解用户的个人隐私信息、日常活动、生活习惯、破坏网络数据的机密性。入侵者还可以有效地影响通信的信道通过扰乱、阻塞、修改网络数据包,或者插入虚假的数据包。

获取网络拓扑

在智能家居中,节点之间大多通过无线方式进行传输数据,虽然一般用于智能家居的无线信号辐射范围都比较有限,但还是会在室外被捕获。入侵者还会通过分析各个节点的活动状态,获得整个智能家居网络中的拓扑结构。

信道阻塞

如果入侵者长期占用某一些信道,会严重影响网络层中的数据包转发。信道阻塞通过持续不断的数据流来触发,这些节点会消耗智能家居设备有限的计算资源,比如宽带、处理时间等。包括扰乱配置信息,比如路由信息、通信介质的障碍,使用户和节点之间不能有效的通信。

Sinkhole 攻击

针对无线传感网络的 Sinkhole 攻击,能使恶意节点在路由算法上对周围节点具有特别的吸引力,吸引周围的节点选择它作为路由路径中的节点,引诱该区域的几乎所有数据流通过该恶意的节点。Sinkhole 攻击可以严重破坏网络负载平衡,降低网络中的链路质量。

虫洞攻击

攻击者在网络中收到数据包,并把这些数据包释放到其他节点,然后将这些数据包在网络中转发产生混乱。在这种攻击中,攻击者在两个合法的正常节点间充当一个中介,使两个相距较远的节点相信它们是相邻的,使它们快速消耗能量。

对于数据特征的攻击可以分为几类:

(1)基于节点的工作规律。由于它们的数据性质和活跃沉默周期,部分节点如光照温度节点有强烈的工作规律,入侵者对光照节点的长期监控可以获得用户的作息规律,用户每天几点回家,几点睡觉,如等某天光照节点异常就可以判定用户不在家,然后进行入室盗窃。

(2)针对数据流量,部分节点的数据流量较大,特别是视频和音频节点,传输的数据量大,容易被入侵者发现,入侵者或许会直接攻击这些节点来获取数据,也可以长期占用信道阻止数据传输给用户造成扰乱。

(3)针对数据类型。智能家居中还有很多的开关型变量主要应用在电器控制中,常使用 0 或 1 等变量进行控制,数据简单容易被发现和破解,入侵者会间接地使用此类数据对目标设备进行恶意的控制和破坏。

（4）针对联动功能。很多节点之间工作存在联系，如温度节点和空调控制节点、视频节点和报警节点，温度感知环境变化再控制空调对环境进行调整，视频节点对视频内容进行分析。如老人小孩摔倒，及时发出警报，对此类节点进行攻击，都会对用户造成严重后果。

● 用户数据的隐私性保护

无论是从事智能家居产业的人也好，还是终端用户也好，我们都在不断地反问自己：智能家居收集了大量的私人数据，这些会不会导致个人隐私泄露？智能家居系统拥有无所不在的传感器节点和读取设备，我们的个人信息很容易被非法读取或被收集起来恶意转让，由此引发的个人信息泄露可能导致财务流失、隐私泄露被传播，甚至损害生命安全。

隐私的种类

智能家居涉及的隐私有登录智能家居系统的账号、IP 地址、个人身份信息、个人地理位置、用户偏好设置、网络交互内容、健康状况、行为习惯、活动区域、消费习惯、音视频内容等。

数据归属

许多智能家居设备都可通过互联网实现远程控制和监控功能，其中的大多数还可连接至基于云端的服务。用户则可通过网页端口或智能手机应用与之进行交互，智能家居属于物联网的应用层，而下面的网络层与感知层涉及的安全漏洞不是一个点、两个点，而是错综复杂的多点，数据隐私的保护比传统的单一行业要难得多。目前智能家居数据涉及的范围很广很多，而且数据分布比较散，如设备厂商、云平台厂商、用户 APP、服务提供商都掌握了一定的数据量。

隐私被泄露的场景

黑客通过环境噪声或灯光来判断用户家里是否有人；使用麦克风来对家中的情况窃听；根据用户在网上的行为与相关联系人间的信息融合，就可以准确推测用户的个人完整档案；利用 IP 地址来跟踪用户的位置和行踪，判断某用户的行动范围；窃取用户的私人电话、电子邮箱等，来进行诈骗等不法行为；对于某些关键人物的隐私数据挖掘，还可能涉及国家安全、商业秘密等敏感信息的泄露。

数据的前端与后端

黑客可以攻击固件当中的漏洞，也可以攻击设备间的通信协议，我们将用户和云服务之间称为设备的前端，将设备和云服务之间称之为后端，前端方面很多智能家居厂商都没有对用户进行任何加密，为黑客攻击创造了可能；后端的情况比前端还要糟糕，许多设备都没有执行加密，甚至对重放攻击也毫无防御，丧失这些保护的结果就是敏感数据的泄露。

有效的安全隐私模型

通过端对端的通信双方互相认证以及依靠新的秘钥协议，使得即使有部分节点被操纵后，攻击者也不能，或者很难从获取节点信息推导出其他节点的秘钥信息；对传输信息加密解决窃听问题；只有被授权的用户可以访问网络中的交互信息，保护网络隐私安全；采用跳频技术减轻网络数据堵塞问题。

常见的攻击方式

攻击者非法获取监测点数据，或对其进行篡改，然后将其伪装后放在智能家

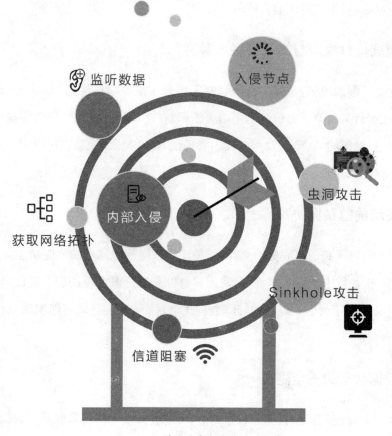

隐私攻击方式

居系统网络环境中,冒名授权节点,甚至可以骗取其他节点的信任,多次获取交互数据,也可以通过其他节点进行数据传输,甚至可以插入虚假节点,迫使系统避免数据失真。

　　通过数据监听可以分析出数据源的行为习惯、兴趣爱好以及活动范围和通信数据,通过可读标签或者智能家居设备就可以窃取相当多的隐私数据,并且通过这些数据分析出用户更加详细的相关信息。

　　物联网多网融合应具有相对完善的安全保障,但是由于物联网构成感知节点众多,而且以分布式存在,因此常常在数据传递时,可能会发生大量集群的

DDOS 攻击,造成数据传输失败。

调试接口攻击与第三方服务漏洞

此类的漏洞很多,市场上有的智能家居会在某些端口运行未认证的 HTTP 服务;在运行某些第三方服务时不需要密码;在连接某些服务时还会暴露基本的连接信息;暴露的 ADB 接口可向攻击者提供 Root 权限,让黑客得以在设备上执行任意代码和命令。

传统的隐私保护

(1) 拒绝所有信息数据的交互,但是无法获得智能家居的相应功能服务。

(2) 提供需求的服务名称,隐藏用户身份来进行多方位的服务功能,但是隐藏用户身份会导致个人隐私偏好等数据无法保存,每次登录智能家居系统都需要重新选择。

数据共享的安全隐患

在整个智能家居的数据分布存储中,可能会涉及不同权限的共享数据访问,对于数据的产权保护、销毁数据、数据取证方面的责任明确,都需要通用的安全准则来共同确立。

多层面解决智能家居隐私问题

不能只依靠技术层面来解决智能家居安全隐私问题,还要依靠法律、企业的自律和安全标准来解决对用户的隐私保护,当下隐私保护已经成为亟待解决的问题,从国家到联盟再到企业,都在商讨智能家居设备的安全问题。

但统一管理、技术融合、多网络协议等综合原因,导致智能家居的安全性问题从设备到云端,都会有一定的安全漏洞敞开,防患困难可想而知。

● 智能家居安全与隐私的趋势

没有绝对安全的系统,黑客无处不在,攻击无时无刻不在发生,我们需要在产品的设计之初就把安全思想贯穿其中,从硬件到软件构建一体化的安全防护体系,同时建立合理规范的安全章程和安全响应流程,时刻保持警惕,才能保证用户的权益不被侵犯。

以上这些情况都会导致严重程度不同的安全问题,轻则暴露敏感信息,重则致使设备彻底被控制。2016 年的 3·15 晚会上,家中主流的智能家居产品成为重点曝光对象。对于这些数据,黑客往往不是为了利益而攻击,而是为了娱乐,所以才会恶意攻击智能家居具有密切相关性的大量数据。无论是黑客大会还是消费者权益大会的狂欢与诟病,都已经给智能家居应用的安全隐私保护提出了更高的要求。

但纵观所有的电子设备,都会遇到相关的问题,其他领域的电子设备在迈向成熟的道路上,安全机制也都是在发展中不断被建立的。所以,智能家居领域的成长道路也一样,最终安全标准肯定会被建立,设备的安全性肯定会得到质的提升。智能家居行业的安全和隐私,不是一家公司可以完成,需要整个产业链一起协作才能完成。产业链中的云服务商、路由器商和手机商必须一起联合起来,共同提高智能家居的安全水平。

世界上没有不透风的墙,任何一种号称安全的技术,在信息技术日益发展的今天,都不能保证其绝对的安全性。所以,一方面企业应该重视研发能力,重视对产品安全性能的开发,以及对消费者个人隐私信息的保护。另一方面,消费者应该拥有良好的使用习惯,重视对自己信息安全的保护,谨防泄露。相信随着技术的不断发展,智能家居的安全保护会始终走在安全危机的前列。

智能家居属于物联网的应用层(住宅应用有机组成),互联网以及移动网络中的部分协议虽然可以适用于物联网并提供一定的安全性，如认证机制、加密机制，等等。不过，物联网的各种特征更需要针对其本身特点进行安全机制的改进。

到目前为止，市场还未有大规模恶意软件，也就是病毒瞄准智能家居设备，主要是因为攻击者还很难产生巨大利润，市场智能家居系统的普及量也不是很大。但是未来，黑客们肯定会利用路由器或者网络连接存储设备来攻击智能家居设备，以谋取一定的利润，届时特定的病毒防范机制一定要建立起来。总之，智能家居不能因为随时都会出现的安全漏洞就止步不前，通过有效的办法来解决它，才会得到使用者的认可。

● 提高使用智能家居系统安全性的方法

用户是不具备智能家居设备安全性的自我提高能力的，因为大多数设备并不提供安全的操作模式，但是用户依然可以采取一定的措施来防范智能家居安全与隐私问题。

（1）在设备账户和 Wi-Fi 网络上采用独特的强密码。

（2）更改智能家居设备的所有默认密码。

（3）在非必要时，可以关闭智能家居设备的远程访问功能。

（4）尽量使用智能家居有线系统，而非无线系统。

（5）将智能家居设备安装到独立的家庭网络中。

（6）购买二手智能家居设备时，要万分小心，因为一些设备可能已经被篡改。

（7）根据个人需要，修改设备商提供的隐私和安全设置。

（8）禁用多余功能。

（9）更新安装最新版本的系统。

（10）确保像干扰或网络故障等造成的停机不会导致不安全的安装状态。

（11）确认是否要使用智能功能，或者普通设备是否能够满足要求。

（12）改变路由器的默认管理设定，管理者权限和密码是攻击者尝试破解的第一目标。

（13）打开路由器设置界面来启用 WEP 或 WPA，并输入密码以生成加密的密钥来加强安全性。

（14）启动路由器的防火墙功能。

参考文献

[1] 杨达. 基于无线异构网络的智能家居系统设计 [D]. 秦皇岛：燕山大学，2016.

[2] 王国伟. 以用户为中心的网络虚拟漫游交互系统设计研究[D]. 杭州：浙江大学，2010.

[3] 王文涛. 深度学习结合支持向量机在人脸表情识别中的应用研究[D]. 西安：长安大学，2016.

[4] 王胜阳. 智能家居·云上的精彩——智能家居云平台技术应用[J]. 智能家居，2016(10)：18-30.

[5] 朱亮. 改变未来世界的 AR/VR 你真的 Hold 住吗？[J]. 智能家居，2016(1-2)：78-90.

[6] Felix. 集成场景化控制需求打造个性化创意空间[J]. 智能家居，2015(7)：14-30.

[7] Felix. 语音技术将成智能家居控制方式新选择[J]. 智能家居，2015(4)：51-56.

[8] 谢幸初,刘毅,郝庭基. 智能家居近距离无线技术中国专利申请状况分析 [J]. 电视技术，2013(s1)：41-46.

[9] 楼燚航,白燕. 智能家居中的安全问题[J]. 计算机光盘软件与应用，2014,7：1-3.

[10] 迈克尔·波特. 迈克尔·波特解密未来竞争战略[J]. 哈佛商业评论，2016,增刊，35-36.

[11] 章云元,杨帮华,李华荣. 脑机接口中基于 SOBI 的 EEG 预处理[J]. 北京生物医学工程，2016,1：1-3.

[12] 王智国. 人工智能技术发展趋势和智能家居应用前景展望[EB/OL]. (2016-04-21) http://smarthome. ofweek. com/2016-04/ART-91009-8470-29089321_2. html.

[13] 国务院. 关于积极推进"互联网+"行动的指导意见[EB/OL]. (2015-07-01) http://www. gov. cn/zhengce/content/2015-07/04/content_10002. htm.

[14] 国家知识产权局. 2015 年中国知识产权发展状况报告[EB/OL]. (2016-06-08) http://www. cfen. com. cn/sjpd/hg/201606/t20160608_2318555. html.

[15] 国务院. 国家知识产权战略纲要[EB/OL].(2013－06－03) http：//www. sipo. gov. cn/
ztzl/ywzt/zlwzn/xgljt/201306/t20130604_801744. html.

[16] 国务院.关于积极发挥新消费引领作用加快培育形成新供给新动力的指导意见 [EB/
OL].（2015－11－23）http：//www. gov. cn/zhengce/content/2015-11/23/content_
10340. htm.

[17] 国家发展改革委、科技部、工业和信息化部、中央网信办.“互联网＋”人工智能三年行动
实施方案[EB/OL].（2016－05－18）http：//www. ndrc. gov. cn/zcfb/zcfbtz/201605/
t20160523_804293. html.